新知
图书馆

——

第三辑

细胞知道答案

U0174097

[美] 詹姆斯·鲍比克
拿俄米·巴拉班
桑德拉·博克
劳雷尔·布里奇斯·罗伯茨 /著
庄星来 /译

上海科学技术文献出版社
Shanghai Scientific and Technological Literature Press

图书在版编目（CIP）数据

细胞知道答案 /（美）詹姆斯·鲍比克等著；庄星来译．
—上海：上海科学技术文献出版社，2021
　ISBN 978-7-5439-8071-6

　Ⅰ. ① 细… 　Ⅱ. ①詹…②庄… 　Ⅲ. ①细胞一普及读
物 　Ⅳ. ① Q2-49

中国版本图书馆 CIP 数据核字 (2020) 第 026545 号

The Handy Biology Answer Book

Copyright © 2004 by Visible Ink Press®
Translation rights arranged with the permission of Visible Ink Press.
Copyright in the Chinese language translation (Simplified character rights only) ©
2021 Shanghai Scientific & Technological Literature Press

All Rights Reserved
版权所有，翻印必究

图字：09-2014-267

责任编辑：李　莺
封面设计：周　婧

细胞知道答案
XIBAO ZHIDAO DA'AN

[美]詹姆斯·鲍比克　拿俄米·巴拉班　桑德拉·博克　劳雷尔·布里奇斯·罗伯茨　著　庄星来　译
出版发行：上海科学技术文献出版社
地　　址：上海市长乐路 746 号
邮政编码：200040
经　　销：全国新华书店
印　　刷：常熟市人民印刷有限公司
开　　本：720mm×1000mm　1/16
印　　张：11.25
字　　数：189 000
版　　次：2021 年 1 月第 1 版　2021 年 1 月第 1 次印刷
书　　号：ISBN 978-7-5439-8071-6
定　　价：38.00 元
http://www.sstlp.com

前 言

　　生物科学涵盖了自然界的方方面面,小至分子及亚细胞层面,大至生态系统及全球环境,无不吸引着我们的注意。在过去的六十年里,分子生物学方面的惊人发现和辉煌成就催生了一场基于基因的医学革命,其影响之深广,从犯罪现场检验到干细胞研究,概莫能外。1953年,詹姆斯·D.沃森(James D. Watson)博士和弗朗西斯·克里克(Francis Crick)博士发现了DNA(脱氧核糖核酸)的结构,这是科学上的一个重大进展,为理解一切生命形态提供了一把万能钥匙。克里克和沃森发现DNA是由两条互补的链条组成的,该结构解释了细胞分裂之后其原有的遗传物质是如何被复制的。在他们的首创性研究的引导下,我们破译了人类基因组,它是由300亿个DNA单位构成的,其中包含了一个人存在及生存所需的全部生物信息。

　　《细胞知道答案》探讨了我们在生物学理解上的量子飞跃,用平实的语言回答了有关人类、动植物、微生物方方面面的数百个问题。在未来,生物学领域将继续产生热门的医学话题及其引发的政治话题,如克隆、干细胞疗法、基因操控等。

　　本书所含信息丰富,读者可从书中找到许多有趣问题的答案,例如:什么叫细胞克隆? DNA和RNA是什么? 细胞是什么时候演化成形的? 最早的细胞是如何产生的?

　　《细胞知道答案》使用方便,特别适合普通科学爱好者及学生。全书配有插图和表格,讨论的话题包括细胞结构和功能、细菌、病毒和真菌等。

　　本书所提供的信息既可吸引有生物学背景的读者,又能满足想要了解生物学的读者的好奇心。我们在书中所探讨的问题或是有趣的,或是特别的,或是咨询台和课堂上常见的，又或是难以回答的。这些问题不仅涉及生物学的历史和发展，也涵盖当前的话题和争论。本书每一章都是图书馆学专家詹姆斯（James）、拿俄米（Naomi）和生物学家桑德拉（Sandra）、劳雷尔（Laurel）共同努力的成果。

目录
CONTENTS

目录

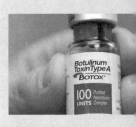

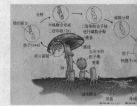

一

生物学中的化学知识

基 础 知 识

▶ 什么是生物化学?

化学,作为一个科学研究领域,可以分成不同的子学科。其中一个重要的子学科是有机化学,它主要研究含碳化合物,包括碳水化合物(例如淀粉)和碳氢化合物(例如甲烷和丁烷)等。在有机化学领域中,有一个分支专门研究对生物体至关重要的有机分子,这一分支就是生物化学。

▶ 什么是原子?

原子是化学反应中不可分割的基本微粒。原子非常小,小到这句话结尾处那个小小的句号就能容纳几百万个原子。

表1.1 原子的组成

亚原子粒子	所带电荷	质 量	位 置
质 子	正 电	1.7×10^{-24} g	原子核
中 子	中性(不带电)	1.7×10^{-24} g	原子核
电 子	负 电	9.1×10^{-28} g	核外轨道

▶ 原子核与细胞核有何不同?

英文中"nucleus"(核)一词的字面意思是"在壳层里面",来源于拉丁文表示"核心"的单词。原子核是原子当中的一个封闭空间,里面包含有质子和中子。细胞核是一个包裹在细胞膜中的细胞器,里面含有细胞的遗传物质。

▶ 怎样区别不同的元素?

要将一种元素与另一种元素区分开,需要考察此元素原子的亚原子颗粒,即质子、中子和电子。每种元素都有特定数目的质子数,而这种特定的数字将确定元素的原子序数。所有的原子都含有相同数目的质子和电子。例如,氦元素的原子序数是2,因为它含有2个质子和2个电子。

▶ 生命体最重要的元素是什么?

对于生命体来说,最重要的元素是氧、碳、氢、氮、钙、磷、钾、硫、钠、氯、铁和镁。这些元素承担着不同的细胞功能,从而都对生命体系有着重要的作用,是生命体必需的元素。

表1.2 生命体内最常见的和最重要的元素

元 素	占人体的质量百分比	生 命 中 的 功 能
氧	65%	水和部分有机分子的组分;氧分子
碳	18%	有机分子的骨架
氢	10%	部分有机分子和水的组分
氮	3%	蛋白质和核酸的成分
钙	2%	骨的成分,对神经、肌肉来说是至关重要的
磷	1%	细胞膜的成分,储能分子;骨的成分
钾	0.3%	对神经功能有重要作用
硫	0.2%	一些蛋白质的结构成分
钠	0.1%	体液的主要离子,对神经系统来说是必需的

元　素	占人体的质量百分比	生命中的功能
氯	0.1%	体液的主要离子
铁	微量	血红蛋白的成分
镁	微量	酶的辅助因子；对肌肉功能很重要

▶ 什么是分子？

分子是由原子的特定组合形成的。例如，二氧化碳由一个碳原子和两个氧原子组成。水分子由两个氢原子和一个氧原子组成，原子间通过化学键连接。复杂的分子，例如淀粉可以由数百个原子按特定方式连接在一起。

▶ 什么是化学键？

化学键是处于特定原子的最外层能级或原子壳中电子间的吸引力。这个最外的能级又被称为价电子层。由于未填满壳层的原子相对不稳定，易于共享、接受或对外贡献电子，化学键就此形成。例如，在生命系统中，由酶控制的化学反应将原子连接起来形成分子。

▶ 化学键的主要类型有哪些？

化学键主要类型有三种：共价键、离子键和氢键（译者注：中国教材一般书写"化学键的主要类型是共价键、离子键和金属键"）。化学键的形成是由电子之间的特定排布所决定。当原子间共享电子时形成共价键，这种形式的键是最强的，在高能分子和某些对生命至关重要的分子中存在。当两个原子间交换电子时形成离子键，并且所得的键相对较弱；离子键主要在盐类物质中存在。氢键的存在是暂时性的，但是它们非常重要。一是因为它们对于某些特定蛋白质的形态具有至关重要的作用；二是因为它们还具有快速成形和重组的能力，就如它们在肌肉收缩过程中所表现的那样。下表就各种类型的键进行了解释并一一分析了它们的特点。

表1.3 三种化学键的概述

类 型	强 度	描　　　　述	例　子
共价键	强	共享电子使得各个原子的最外电子层呈饱和状态	水分子中氢氧之间的键
氢　键	弱	由含氢化合物分子中的氢原子与电负性很大的原子之间的相互作用	水分子之间的键
离子键	中　等	由一个或多个电子的永久转移造成两个带相反电性的原子之间形成的键	盐中的 Na^+ 和 Cl^- 之间的键

▶ 原子间成键的类型由什么决定？

由原子的电子结构可以预测它的化学行为,外电子层饱和的原子间一般不成键;相反的,那些最外电子层有1、2、6、7个电子的原子容易变成离子并形成离子键。

▶ 什么是同位素？

带有不同数目的中子的同一元素的原子,互称同位素。一种元素的同位素原子数相同而质量数不同。常见例子如碳的同位素 ^{12}C 和 ^{14}C, ^{12}C 有6个质子、6个电子和6个中子,而 ^{14}C 有6个质子、6个电子和8个中子。一些同位素物理性质是稳定的,但另一些被称为放射性同位素的就不太稳定。放射性同位素会产生放射衰变,释放出粒子和能量。如果这种衰变导致了质子数目的变化,那么原子序数也就发生了改变,此同位素则变成了另一种元素。

▶ 什么是同分异构体？

同分异构体就是这样的化合物,它们的分子具有相同的分子式,但是原子结构不同。结构异构体(structural isomer)的原子连接方式是不同的,几何异构体(geometric isomer)在双键上的对称性不同,光学异构体(optical isomer)彼此之间互为镜像。

▶ 摩尔在化学中是如何使用的?

摩尔(mol)是一种基本的度量单位,它可以是物质的克原子量或者克分子量。1摩尔等同于物质所包含的6.02×10^{23}个原子、分子或其他化学式单位的物质的量。这个数字又称为阿伏伽德罗常数,用于纪念阿伏伽德罗(Amedeo Avogadro, 1776—1856),物理科学的奠基人之一。

▶ 为什么说碳是一种重要的元素?

碳占人体质量的18%。由于它独特的电子结构,碳会共享电子,它能够同包括碳原子在内的其他多种元素形成四种共价键。

▶ 为什么水对生命如此重要?

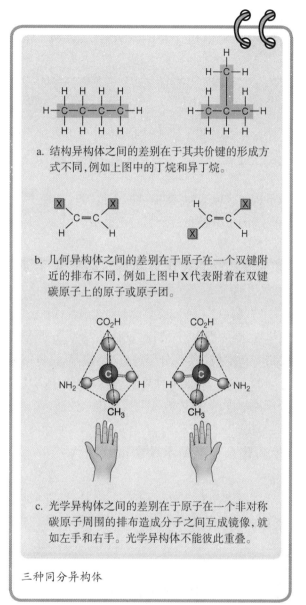

a. 结构异构体之间的差别在于其共价键的形成方式不同,例如上图中的丁烷和异丁烷。

b. 几何异构体之间的差别在于原子在一个双键附近的排布不同,例如上图中X代表附着在双键碳原子上的原子或原子团。

c. 光学异构体之间的差别在于原子在一个非对称碳原子周围的排布造成分子之间互成镜像,就如左手和右手。光学异构体不能彼此重叠。

三种同分异构体

我们的生活环境饱含水分,生物体体内也同样富含水分。因此,生物体内所有的化学反应都发生在水中。水对于生物体之所以重要,是由于它具有独特的V形分子结构。在这一分子结构中,两个氢原子位于V形的两个顶点,氧原子位于V形的底部尖端。在氧原子和氢原子之间的共价键中,电子更多地在靠近氧

地球上的生命可以基于硅而不是碳吗?

从技术上讲,地球生命是可以基于硅的,因为硅和碳一样具有键合属性。但是地球上硅的数量远少于碳的数量,所以地球生命是以碳为基础的。

原子核的区域运动,接近氢原子核的时候较少。这种电子共享,造成水分子具有一个弱的负电极和一个弱的正电极。

▶ 水是生物系统中普遍存在的溶剂,这对于生物体有何意义?

溶剂就是一种能够溶解其他物质的物质。由于所有支持生命的化学反应都发生在水中,所以水被视为通用溶剂。正是极性分子的特质(它既带有正电极又带有负电极)使水分子可以成为溶剂。任何带有电性的物质都会被吸引到水分子的一端。如果某种物质的分子被水吸引,它就被认为具有亲水性质;如果分子被水排斥,它就被认为具有疏水性质。

▶ 为什么液态的水的密度比冰大?

纯液态水在3.98℃时密度最大,结冰时则密度下降。这是因为冰里的水分子通过氢键形成了一种相对疏松的几何结构,形成了一个开放多孔的结

人体含有多少水?

人体平均含有50%～60%的水。一般来讲,男性体内所含的水分比女性多,因为男性体内的脂肪较少。你身上的脂肪越多,水分就越少。

构。液态水的键较少,因此同一空间可容纳更多分子,这就使得液态水的密度比冰大。

▶ 什么是离子?

离子是由于原子丢失或得到电子而形成的带电粒子。例如当一个原子获得了一个或更多的电子,它就带负电;当一个原子失去了一个或更多电子,它就带正电。

▶ 什么是pH?

pH这个词来自法语l'puissance d'hydrogen,字面意思是"氢的力量"。我们可以从水分子的构成来理解pH的概念。水分子是由两个氢原子共价键合到一个氧原子上形成的。在水溶液中,一些水分子会解离成组分离子:H^+(氢离子)和OH^-(氢氧根离子)。在化学中,"平衡反应"用于描述生成物和反应物数量相等的状态。水就是一个平衡反应的例子。水在任何时候都带有H_2O、H^+和OH^-。H^+和OH^-这两种离子的平衡决定了pH。当溶液中的H^+比OH^-多时,该溶液被称为是酸性溶液;当OH^-比H^+多时,该溶液被称为是碱性溶液。水中氢离子的浓度影响着其他分子的化学反应。

pH是溶液中H^+浓度的度量,用来衡量溶液的酸性或碱性。pH值的范围是从0到14。中性溶液的pH值是7,碱性溶液的pH值大于7,酸性溶液的pH值小于7。pH值越低,溶液的酸性越强。由于pH值实际上是负对数,每降低一个整数表示酸性提高10倍(即H^+的浓度提高10倍)。

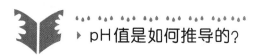

▶ pH值是如何推导的?

pH是H^+浓度的负对数。用于计算pH值的数学方程式写作:$pH=-lg[H^+]$。例如,假设氢离子的浓度是1/10 000 000(即10^{-7}),则pH值为7。

表1.4 pH值量表

pH值	溶 液 实 例	pH值	溶 液 实 例
0	盐酸（HCl）、电池用酸	7	纯水、血液（7.3～7.5）
1	胃酸（1.0～3.0）	8	蛋白（8）、海水（7.8～8.3）
2	柠檬汁（2.3）	9	烘焙苏打、含磷洗涤剂、次氯酸钠、钙片
3	醋、葡萄酒、软饮料、啤酒、橘子、果汁、某些酸雨	10	皂液、氧化镁乳液
4	西红柿、葡萄、香蕉（4.6）	11	家用氨水（10.5～11.9）、无磷洗涤剂
5	黑咖啡、大多数的刮胡液、面包、正常雨水	12	洗涤用苏打（碳酸钠）
6	尿（5～7）、牛奶（6.6）、唾液（6.2～7.4）	13	除毛霜、烤箱清洁剂

▶ **为什么pH对生命如此重要?**

水中氢离子的浓度影响着其他分子的化学反应。带电离子浓度的提升会影响分子，特别是蛋白质的化学反应能力。大部分生命系统在内部pH值接近7时才能运作，但是生物活性分子有其最佳的工作pH值。最佳pH值是由分子本身性质及其作用位置决定的。

▶ **什么是热力学?**

热力学是研究能量和细胞活性之间关系的学科。热力学定律决定了细胞转化化合物的方式。热力学第一定律阐述了一个系统及其周围环境的能量总和是个常数，热力学第二定律则证明了系统（例如细胞）倾向于无序化。无序通常以发热的形式发生，而"熵"则是指能够破坏细胞乃至整个宇宙的无序状态。

分　　子

▶ 什么样的分子对于生物体来说最为重要？

有四种分子被称为生物有机分子，它们对于生命体而言是不可或缺的，并且都含有碳，它们是核酸、蛋白质、碳水化合物和脂类。这些分子很大，通常由被称为单体的特定小分子组成。

▶ 化学键在生物有机分子中起什么作用？

化学键对于生物有机分子的结构是很重要的，因为化学反应实际上涉及亚原子级上的电子活性，所以形状决定了功能。例如，吗啡分子的结构形状很像一种大脑中的天然分子内啡肽。内啡肽是疼痛抑制分子，因此吗啡基本上可以模仿内啡肽的功能，作用为有效的疼痛舒缓剂。

▶ 什么是"极性"分子？

极性分子的两端具有相反的电性。"极性"指的就是分子的正电端和负电端。如果一个分子是极性的，它会被其他极性分子吸引。这会影响许许多多的化学反应，包括一种物质是否能溶解于水，以及其蛋白质的形状和DNA复杂的双螺旋结构。水就是极性分子的一种实例。

▶ 什么是官能团？

有机化合物中的原子和化学键有许多频繁出现的组合形式，每一种组合形式都有其特定的、可预期的性质；这些原子结构的组合形式被称为官能团。例如，每个氨基酸都同时带有氨基和羧基，而所有的醇类都含有使其可溶于水的羟基团。

▶ 什么是大分子？

大分子，顾名思义就是"巨大的"多聚物（polymer）。多聚物是被称为"单体"的较小单位通过化学键键合而形成的。大分子的分子量必须大于1 000。

▶ 大分子是怎样形成的？

尽管各种大分子的结构、大小和功能差别很大，但它们生成和降解的机制是一样的：

- 都是由单个的结构单元连接在一起形成一条链，就好像由许多节车厢连成的一列火车。
- 所有的单体或单元都含有碳。
- 所有的单体都通过一种脱水合成的过程连接在一起，字面意思就是"去除水来构建"。一个单体中的氢原子（H）被移除，而相邻单体的羟基（–OH）被移除。这两个单体末端的原子形成共价键，从而填满它们的电子壳层，形成了一个多聚物。
- 所有的聚合物都通过同样的方法来降解，即水解。水解的意思是"用水来断裂"。通过加入一个带有氢原子和羟基的水分子，大分子的键断裂，被分解成小碎片，即各个单体。

▶ 哪些大分子最常被细胞用作能源物质？

细胞使用多种大分子作为能量来源。碳水化合物、脂类乃至蛋白质都可被代谢生成能量。三磷酸腺苷（ATP）和相关化合物也被用作暂时存储能量的载体。

▶ 细胞常见能量来源的相对值是多少？

表1.5

能 量 来 源	产生的能量
碳水化合物	$1.7 \times 10^4 \, \text{J/g}$
脂　　肪	$3.8 \times 10^4 \, \text{J/g}$
蛋白质	$1.7 \times 10^4 \, \text{J/g}$

什么是胆固醇？

胆固醇属于被称作类固醇的脂类的亚类。类固醇有独特的化学结构，它们是由四个碳环结构融合而成的。人体用胆固醇来保持细胞膜的强度和韧性。胆固醇同时也用于合成类固醇激素和胆汁酸的分子。

表1.6　胆固醇及其衍生物

分　子	功　能
醛固酮	通过肾脏保持水和盐的平衡，控制血压
胆汁	由肝脏生成，协助消化食物中的脂类
胆固醇	保持细胞膜的稳定性和柔性
可的松	碳水化合物的代谢
HDL（高密度脂蛋白）；LDL（低密度脂蛋白）	在血液中运输脂类物质的脂蛋白复合物
睾酮、雌激素、黄体酮	保持性别特征和生育能力

为什么有些脂肪"好"，而有些脂肪"不好"？

回答这个问题的方式有很多种。我们可以说没有脂肪是"不好的"，因为脂肪是优良的能量来源，可以帮助保持身体的健康。从这个角度看，只有当我们摄入过多脂肪时，脂肪才是"不好的"。从另一个角度来看，有几种脂肪是人体必需的（ω-6和ω-3脂肪酸），也就是说，它们是人体需要却无法自身合成的物质。这些可以看作是"好的"脂肪。相比之下，那些我们不需要摄入的脂肪就常常被说成是"不好的"。最后，我们要说说人造脂肪。人造脂肪最初是用来保持食品

最早被发现的氨基酸是哪一种？

天冬酰胺，1806年由法国化学家尼古拉斯-路易·沃克兰（Nicolas-Louis Vauquelin, 1763—1829）从天门冬属植物中分离而来。

的味道和口感,同时降低热量的,但人造脂肪可能很难被代谢,因此长期食用人造脂肪是"不好的"。

▶ 脂肪和脂类的区别是什么?

脂类是疏水性的生物有机分子,换句话说,脂类不溶于水。在脂类中,有一种特别的类型被称为脂肪,每个脂肪分子由一个甘油(醇类)分子和至少一个脂肪酸(带有酸性基团的碳氢链)组成。

▶ 碳水化合物是如何分类的?

碳水化合物有几种分类方法。单糖是根据自身所带的碳原子数目来分类的,比如丙糖有三个碳原子,戊糖有五个,己糖有六个。碳水化合物也可以根据其总长度(单糖、二糖、多聚糖)或其功能来分类。根据功能来分类的例子包括具有贮存能量功能的储存性多糖(糖原和淀粉),为没有硬骨骨骼的生物体提供支撑的结构多糖(纤维素和几丁质)。

▶ 蛋白质的作用是什么?

简言之,无所不能。我们知道,蛋白质使生命得以存在。蛋白质是所有代谢反应所必需的酶,同时对于肌肉等身体结构也很重要,还可以运输物质和接收信号。

表1.7 蛋白质的种类和功能

蛋白质的种类	功 能 示 例
保护性蛋白质	应对入侵的抗体
酶类蛋白质	提高反应速度,合成和降解分子
激素蛋白质	控制血糖的胰岛素和胰高血糖素
受体蛋白质	使细胞对信号产生反应的表面分子
储存蛋白质	储存氨基酸用于代谢过程
结构蛋白质	肌肉、皮肤、毛发等的主要成分
运输蛋白质	血红蛋白将氧从肺部输送到细胞

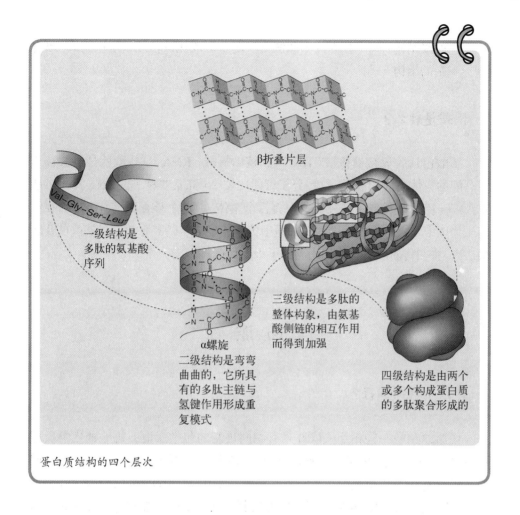

β折叠片层

Val-Gly-Ser-Leu-

一级结构是多肽的氨基酸序列

α螺旋
二级结构是弯弯曲曲的，它所具有的多肽主链与氢键作用形成重复模式

三级结构是多肽的整体构象，由氨基酸侧链的相互作用而得到加强

四级结构是由两个或多个构成蛋白质的多肽聚合形成的

蛋白质结构的四个层次

▶ 为什么说蛋白质是最复杂的分子之一？

在主要的生物有机分子中，只有蛋白质需要有多达四级的结构才能够发挥作用。而且，相对轻微的环境变化就能够改变蛋白质的结构层次，这可能会从根本上改变蛋白质的功能。

蛋白质的结构层次及其功能如下：

- 一级结构：将多达500个氨基酸共价连接起来形成多肽链。
- 二级结构：在相邻的氨基酸之间形成氢键，从而使多肽链扭曲或折叠。
- 三级结构：相距较远的氨基酸随着二级结构的改变而成键或发生相互作用。

- 四级结构：两个独立的多肽链交织起来形成比其他三个层次更大、更复杂的结构。

▶ 核酸是什么？

核酸包括脱氧核糖核酸（DNA）和核糖核酸（RNA）。核酸就是由被称为核苷酸的单体组成的分子，这些分子可能比较小（如某些种类的RNA），也可能很大（一个DNA单链可能就具有上百万个单体）。单个核苷酸及其衍生物在活的生物体中是很重要的。例如在细胞中传递能量的三磷酸腺苷分子就由核苷酸构成，一些在代谢中有重要作用的分子也是如此。

代 谢 途 径

▶ 什么是代谢途径？

代谢途径是一些相互关联并具有相同机制的化学反应。每一种化学反应都取决于一个特定的前提：一种化合物，一种酶，或者能量的传递。最早的代谢途径研究是1909年由英国医生阿奇博尔德·加罗德（Archibald Garrod，1875—1936）开展的，他的研究揭示了人体无法制造某种酶的病症和遗传性疾病之间的关系。这种遗传病就是尿黑酸尿症，其症状是患者的尿液暴露在空气中会变黑，因为尿液中存在一种叫作尿黑酸的化学物质。加罗德的这一研究成果是最早被发现的与某种代谢失调有关的病症。

 最早诊断出的代谢性疾病是什么？

一具公元前1500年的埃及木乃伊，被确认有尿黑酸尿症（alkaptonuria）的病状。

▶ 细胞是如何储存能量的?

动植物都以葡萄糖为主要的能量来源,但它们的葡萄糖分子的储能方式不同。动物以糖原的形式储存其葡萄糖亚基,糖原是一系列长长的、带分支的葡萄糖链。植物以淀粉的形式储存葡萄糖,淀粉是由长长的、不带分支的葡萄糖链组成的。糖原和淀粉都是通过脱水反应合成的,并都通过水解反应来降解。

▶ 代谢中的"负反馈"是什么?

负反馈是一种细胞代谢的过程,与空调的运作方式很相似:空调可以设定为特定温度,当周围空气达到设定温度时空调就会停止运作。负反馈是内稳定过程的一部分,细胞通过内稳定过程来节约能量,只合成即时需要的物质。

▶ 什么是三磷酸腺苷?

三磷酸腺苷是细胞通用的能量"货币",其秘密在于结构。三磷酸腺苷具有三个带负电的磷酸基团,当位于最外侧的两个磷酸基团间的键断裂时,三磷酸腺苷就会变成二磷酸腺苷(ADP)。在这一反应中三磷酸腺苷释放出 3×10^5 J/mol 能量,从细胞的标准来看这是很大的能量。

 ▶ 人体需要多少三磷酸腺苷?

人体的每一个细胞每分钟大约要使用一二十亿个三磷酸腺苷!人体总共有100万亿个细胞,一共需要多少三磷酸腺苷呢?大概是 1×10^{23} 个三磷酸腺苷。在24小时内,100万亿个细胞能产生大约200 kg三磷酸腺苷。

▷ 分解代谢反应和合成代谢反应的区别是什么?

分解代谢反应和合成代谢反应都是代谢过程。有机体能量的获取和合成都涉及成千上万个化学反应(新陈代谢)。分解代谢反应通过降解大分子来产生能量,例如消化。合成代谢反应是用小分子造出大分子,例如人体将摄入的过量营养变成脂肪。

▷ 什么是克氏循环(Krebs cycle)?

克氏循环(也叫柠檬酸循环)是有氧代谢的核心。这是一种使细胞能从葡萄糖获得更多能量的适应性反应,对于多细胞生物体的生长发育至关重要;而且要获取葡萄糖分子最后降解时产生的高能电子,克氏循环也是必不可少的。克氏循环的副产物是二氧化碳和水。克氏循环以德国化学家汉斯·克雷布斯(Hans Krebs, 1900—1981)的姓命名,他获得了1953年诺贝尔生理学/医学奖。

▷ 什么是卡尔文循环(Calvin cycle)?

光合作用中包含需要光的化学反应和不需要光的化学反应。卡尔文循环是一种不需要光的反应,它在叶绿体中发生,是获取二氧化碳的关键,最后导致糖($C_6H_{12}O_6$)的合成。卡尔文循环是以梅尔文·卡尔文(Melvin Calvin, 1911—1997)的姓来命名的,他因揭示了葡萄糖生物合成的过程而获得1961年的诺贝尔化学奖。

▷ 为什么没有氧气我们会死亡?

大部分生物体是需氧的,也就是说需要氧来完全降解葡萄糖。每个葡萄糖分子通过有氧代谢能产生多达36个三磷酸腺苷;没有氧,细胞就不能合成足够的三磷酸腺苷来维持多细胞生物的生存。大部分人认为我们的呼吸需要氧气,但实际上我们是需要用氧来回收再利用有氧呼吸中产生的电子和氢离子(H^+),氧和这些电子及氢离子结合并生成"代谢"水。

▶ 我们呼出的二氧化碳来自哪里?

我们呼出的二氧化碳来自细胞有氧呼吸降解葡萄糖获取能量的过程,在这一过程中所有的碳原子(来自$C_6H_{12}O_6$)都以二氧化碳分子的形式释放出来,所生成的6个二氧化碳分子中有4个是由克氏循环产生的。

▶ 什么是氧化还原反应?

氧化还原反应就是电子从一个原子或分子转移到另一个原子或分子的一系列化学反应。随着电子的转移,细胞也在传递能量。分子失去电子即是所谓的被氧化,被氧化后的分子带正电。分子得到电子即是所谓的被还原,被还原的分子带负电。

▶ 什么是发酵?

科学家推断发酵首先是从有机化合物中获取能量的一种过程。发酵在地球大气层中含有游离氧气之前就存在了。有氧呼吸与发酵过程不同,有氧呼吸中,糖酵解的产物是进入克氏循环,而不是用来生产乳酸和酒精。发酵的存在必然先于大气层里的氧气,大约是25亿年以前,因此发酵是一个古老的反应过程,通常发生在无氧环境下生活的微生物中。

▶ 有哪些产品是通过发酵生产的?

发酵在葡萄酒、啤酒、酱油、烘焙食品和泡菜的生产过程中非常重要。

酶

▶ 什么是酶?

酶是作为生物催化剂的蛋白质。酶降低了启动代谢反应所需的能量(即活化能）。没有酶，人就不能从食物中获得能量和营养。例如，乳糖不耐受症就是一种由于不能生成乳糖酶而产生的病症，乳糖酶能够降解乳汁中的糖分（即乳糖）。虽然乳糖不耐受症对成年人来说没有危险，但是它可能会对婴幼儿造成严重的后果。

▶ 酶的作用究竟是什么？

酶反应能合成或降解特定的分子。酶所作用的分子叫作底物，反应所生成的分子叫作产物。

表1.8

底 物	酶	产 物
乳 糖	乳糖酶	葡萄糖+半乳糖

▶ 是谁第一个使用酶（enzyme）这个词？它是用来指什么的？

1876年，威廉·库恩（William Kuhne, 1837—1900）提出用酶（enzyme）一词来指代发酵过程中发生的现象。该词本身的意思是"在酵母中"，由希腊语en（意思是"在……中"）和zyme（意思是"酵母"）组成。

▶ 为什么酶的形状很重要？

形状对于所有分子的功能都是很重要的，尤其是酶，因为酶是三维的。酶的"活性部位"是底物结合的地方和反应发生的地方。酶和底物反应的方式和船只系泊的方式很相似，在酶和底物之间会形成很多弱键，直到结合过程完成。任何影响蛋白质形状的因素都会影响酶和底物之间结合的能力。

▶ 酶有多少种？

已被命名的酶约有5 000种，而实际存在的酶约有20 000种，甚至更多。一个代谢途径可能需要一系列的酶去完成上百种的化学反应。

葡萄酒发酵罐。发酵是一个古老的反应过程,一般发生在无氧环境下生活的微生物中

▶ 人们是如何命名酶的?

每一种酶的英文名称都是通过在与之发生反应的底物的名称后面加上 -ase 词尾来构成的。例如,淀粉酶的名字是 amylase,它控制着 amylose(即淀粉)的降解。酶也可以按照其控制的反应来分类:水解酶控制水解反应,蛋白酶控制蛋白质分解,合成酶控制合成反应。也有例外,例如胰蛋白酶和胃蛋白酶,两者都是用于分解蛋白质的消化酶,它们保留了现代命名法启用之前的名称。

▶ 最常见的酶缺乏症有哪些?

乳糖不耐受症是一种很常见的酶缺乏症,其原因是患者无法消化乳汁中的糖分(即乳糖)。尽管几乎所有人生来就具有产生乳糖酶(用于分解乳糖的酶)的能力,但很多人会随着年龄增长渐渐失去这种能力。不同种族的成年人生成乳糖酶的水平是有差异的。

表1.9　美国不同族群的乳糖不耐受症

族　　群	乳糖不耐受症发生的大致比例
亚裔美国人	＞80%
土著美国人	80%
非裔美国人	75%
地中海人	70%
因纽特人	60%
西班牙裔美国人	50%
高加索人	20%
北欧人	＜10%

葡萄糖-6-磷酸脱氢酶缺乏症是一种更严重的酶缺乏症,会导致红细胞破裂(即溶血)。世界上约有2亿多人患有这种缺乏症。

▶ 我如何知道我身上的酶在起作用呢？

要追踪你身体所需的约20 000种酶的活动情况显然是很困难的。不过，就淀粉酶而言，要探知其活动情况是很容易的。淀粉酶是你唾液中的酶，它能够将复杂的碳水化合物分解成单糖（葡萄糖和麦芽糖）。把一块无糖饼干放进嘴里，过一段时间你就会尝到酶产物的甜味了。另外，溶菌酶是存在于你呼吸道分泌物和眼泪中的一种酶，它能够抵御细菌侵入。正是因为有了溶菌酶，所以我们的眼睛虽然具有温暖潮湿的开放环境，在正常情况下却能保持不易受感染。

▶ 为什么酶只在特定环境下起作用？

因为温度和pH的变化会导致蛋白质结构的改变，每一种酶要发挥自身作用都需要一定的条件。例如，淀粉酶只在口腔里有活性，在胃的酸性环境中就无法起作用；胃蛋白酶会分解胃里的蛋白质，而在口腔里则没有活性。

▶ 哪些因素会影响酶的功能？

可以用各种方法来调控酶：
- 因为蛋白质是用DNA编码的，所以DNA发生变化时酶生成的速度也会发生变化。
- 调控分子又被称为"竞争性抑制剂"，能够阻止酶和底物的结合。

▶ 酶可以用于治疗艾滋病（HIV）吗？

有一类药物叫作蛋白酶抑制剂，是治疗艾滋病的有效药物。蛋白酶抑制剂使感染了艾滋病病毒的T细胞不再产生新的病毒颗粒。

- 别构调节物或非竞争性调节物能够跟酶的非活性部位结合，导致酶形状上的改变，从而改变酶的活性部位。
- 环境的改变，如pH、温度、盐的浓度等，也会影响酶的形状。
- 缺少酶的辅助因子，如维生素、微量元素等。

▶ 如何用数学方法来预测酶的行为？

研究如何计算酶活力的学问，被称为酶动力学。有一种特别有用的酶动力学模型叫作米氏方程（Michaelis-Menten equation），它是1913年由雷奥诺·米凯利斯（Leonor Michaelis, 1875—1949）和莫德·门滕（Maud Menten, 1879—1960）建立的。对科学家们来说，知道如何通过改变底物和酶的浓度来控制酶促反应是非常重要的，毕竟酶调节着所有的细胞代谢途径。

▶ 什么是维生素和矿物质？

维生素是一种有机的、非蛋白质的物质，它是有机体正常代谢所必需的，但又无法由机体自身合成。也就是说，维生素是一种必须从外部来源获得的关键分子。虽然大部分维生素存在于食物中，但也有例外，例如维生素D是以前体（precursor）的形式存在于我们的皮肤里，然后在阳光照射下转变成活性形式。矿物质，例如钙和铁，是能够增强细胞代谢能力的无机物。维生素有脂溶性的，也有水溶性的。适量的维生素能够保障正常的酶功能，而过量摄入维生素则有可能导致中毒。

▸ **哪些维生素摄入过量会导致不良反应？**

摄入大剂量的维生素C（每天超过2 000 mg）会导致DNA的氧化损伤。成年人每天摄入1 000 mg以上的维生素E会增加中风的风险。

表1.10

维生素	主 要 来 源	主 要 功 能
A	动物产品；植物中仅有含有维生素A原	帮助正常细胞分裂和发育。尤其有助于维护视力
复合维生素B	水果、蔬菜(叶酸)；肉类(硫胺素，烟酸，维生素B_6、维生素B_{12})；乳汁(核黄素，维生素B_{12})	能量代谢；促进从食物中获取能量
C	水果、蔬菜，尤其是柑橘、草莓、菠菜、花椰菜	胶原蛋白的合成；抗氧化作用；增强抵抗力
D	蛋黄；肝脏；多脂鱼；阳光	促进骨骼生长；维护肌肉结构和消化功能
E	植物油；菠菜；鳄梨；虾；腰果	抗氧化作用
K	绿叶蔬菜；卷心菜	凝血

应　　用

▶ 饱和脂肪酸和不饱和脂肪酸的区别是什么？

脂肪是由甘油和三种脂肪酸构成的脂类分子,脂肪酸的分子结构决定了脂肪是饱和的还是不饱和的。含有氢原子但没有双键的脂肪是"饱和的"。不饱和的脂肪酸含有双键,因而所带有的氢原子较少。

▶ 什么是反式脂肪？

"反式"脂肪是相对于脂肪酸碳骨架周围的氢原子的排列方式而言的。反式脂肪酸分子的碳骨架和周围氢原子的结合方式在自然界中是不常见的。自然界中大部分天然脂肪酸的氢原子是以"顺式"的形态排列的。在反式脂肪里,部分氢原子排列在碳链的两侧,故称"反式"(与排列在同侧的"顺式"相对)。

▶ 一种类型的脂肪可以转化为另一种类型的脂肪吗？

氢化过程能够将不饱和脂肪酸转化为氢化脂肪酸，这个过程是通过给不饱和脂肪酸加入额外的氢原子来完成的，它既有害，又有益。氢化作用可使不饱和植物油变成人造奶油，该方法可以防止氧化，从而防止腐败变质。但是，食用氢化脂肪酸可能会增加患心脏病的风险，因为氢化脂肪会导致不饱和脂肪酸的结构变化。摄入反式脂肪会略微增加血液中的低密度脂蛋白（LDL）的含量。

一名实验员在检验类固醇。现在很多体育比赛都要检查运动员是否使用了类固醇

▶ 激素是什么样的分子？

激素有两种基本类型，即可溶于水（亲水）的和不溶于水（疏水）的。亲水的激素主要包括衍生自氨基酸、多肽和蛋白质的激素。疏水的激素包括从胆固醇衍生而来的类固醇。类固醇类激素包括睾酮、雌激素、皮质醇、醛固酮等。

▶ 所有的合成代谢类固醇都可以被检测出来吗？

有一种新型的"品牌类固醇"叫作四氢孕三烯酮（tetrahydrogestrinone，简称THG）。这种药物是常规尿检无法发现的，曾被归为营养品，但是美国食品药品监督管理局（FDA）已认定其为非法药品。THG与另外两种合成代谢类固醇孕三烯酮（gestrinone）、群勃龙（trenbolone）有关。THG是用来强健肌肉和增强体力的，但会产生危险的副作用，如增加良性和恶性的肝肿瘤、肝炎、攻击性情绪波动、生育能力下降、心脏病等发生的风险。已有一种新的检测方法可用于发现尿液里的THG。

▶ 我们如何知道不同生物的能量需求？

有机体的基础代谢率（BMR）是指单位时间内其静息时维持正常生命过程所需的能量。基础代谢率可以通过测量有机体产生的热量和二氧化碳，或者分析耗氧量来计算得出。影响生物基础代谢率的因素有很多，包括年龄、性别、身材、体温、环境温度、食物质量、激素水平，以及一天内不同时间段的活动水平、环境中的含氧量等。

▶ 什么是卡路里（calorie）？

卡路里实际上有两种。化学家会告诉你1 cal就是能使1 g水的温度升高1℃所需的能量（或热量），而营养学家则会给你解释什么叫"大卡"或"千卡"（kcal）——使1 kg（即1 L）水的温度升高1℃所需的能量。例如，一块巧克力曲奇饼完全燃烧所释放出来的热量足以把1 L水加热到300℃！但是根据热力学定律，这种能量的转化不可能是百分之百有效的（只有大约25%的能量能够真正被细胞利用）。"卡"这一热量单位，不是法定计量单位。

 ···· ▶ 什么是合成代谢类固醇？

合成代谢类固醇是能够加强合成反应（尤其是肌肉中的合成反应）的激素，也被称作雄激素（主要的雄性激素睾酮的前体）。合成代谢类固醇可以用于某些病症的临床治疗，但一般都被运动员用来提高比赛成绩。滥用合成代谢类固醇所导致的主要健康危害有肝肿瘤或其他癌症、黄疸、体液潴留、高血压、低密度脂蛋白增加或高密度脂蛋白减少，以及睾丸萎缩、精子数量减少、脱发、（男性）乳房增大。

▶ 人体能否产生自身所需的所有脂类？

不能。有两种脂肪是我们身体需要却无法合成的：亚油酸（一种 $\Omega-6$ 脂肪酸）和亚麻酸（一种 $\Omega-3$ 脂肪酸）。这两种脂肪酸用于维护细胞膜及形成类二十烷酸（类似激素的信使）。类二十烷酸是一类含有20个碳原子的脂肪酸，例如白三烯和前列腺素。好的 $\Omega-3$ 和 $\Omega-6$ 脂类来源有坚果、谷物、植物油、鱼油等。

▶ 为什么碳水化合物是人类食物的主要组成部分？

我们的细胞进化到目前的状态，碳水化合物已经成为人体的主要能量来源。实际上，人体整个代谢机制的运作都始于葡萄糖。虽然人体大部分细胞也能够（至少暂时地）把脂类和蛋白质作为能量来源，但我们的脑细胞却离不开葡萄糖。这就意味着当血糖水平太低的时候，脑细胞就会停止工作，我们就会昏迷。在昏迷状态下，供给大脑的血液流量和葡萄糖会增加。

来自鲑鱼等鱼类的鱼油是 $\Omega-3$ 脂肪酸的优质来源

▶ 鱼油有什么益处？

取自鲭鱼、鲑鱼、凤尾鱼、沙丁鱼、金枪鱼等的鱼油，是人体必需的 $\Omega-3$ 脂肪酸的优质来源，但并非唯一来源。坚果和种子也能提供 $\Omega-3$ 脂肪酸。营养学家建议我们要从健康而多样化的饮食中获取人体所需的脂肪酸，而不要依赖营养品。

▶ 为什么你的饮食中必须有蛋白质?

人体用于合成蛋白质的20种氨基酸中有8种是必不可少的,也就是说离开这8种氨基酸我们无法生存,而我们的身体又不能自行合成这8种氨基酸。所幸,所有的必需氨基酸都可以通过食用肉类(完全蛋白质)及/或某些植物类(补体蛋白)来获取。人通过食用各种谷类(如大米)和豆类(如蚕豆、豌豆),就可以摄入每日所需的蛋白质。健康成人每日蛋白质的建议摄取量为0.8 g/kg。

▶ 哪些疾病与饮食中蛋白质摄入不足有关?

因蛋白质摄入不足而导致的疾病有很多种。小儿重度消瘦型营养不良(marasmus)是一种由长期营养不良所导致的病症,主要发生在6 ～ 18个月大的婴孩身上,患者的手臂和大腿干瘦如火柴棒。夸希奥科症(Kwashiorkor)是另一种由营养不良所导致的疾病,病名取自加纳语中的一个短语,用于形容第二个孩子出生后第一个孩子发生的变化。夸希奥科症患者一般都摄入了足够的热量,但缺乏蛋白质——通常是过早断奶造成的。夸希奥科症会导致肝肿大和体内积水,尤其是腹水。患夸希奥科症的儿童往往四肢肥胖、腹部鼓胀,但这种表面的肥胖是水肿引起的,并非来自体内脂肪。

▶ 脂肪和糖哪一个是比较好的能量来源?

每克脂肪含有约3.8×10^4 J热量,而每克碳水化合物含有约1.7×10^4 J热

人体的基础代谢率一般是多少?

男性的基础代谢率一般是6.7×10^6 ～ 7.5×10^6 J/d,女性的基础代谢率一般是5.4×10^6 ～ 6.3×10^6 J/d。

量。脂肪可用于储存能量,而糖在代谢过程中很容易被分解。营养学家和饮食专家一直在争论哪一种能量来源更好。最终的答案是由个人身体状况决定。例如,婴儿需要从饮食中摄入脂肪,这一方面是为了满足能量需求,另一方面也是为了满足神经系统的健康发育的需求。中年人所摄入的脂肪往往超过了代谢需求。随着年龄增长,平均能量需求每十年减少5%。

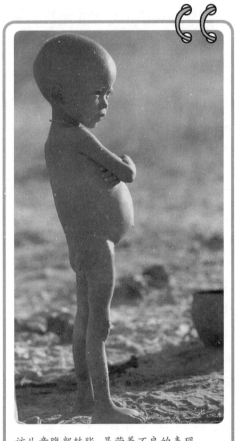

该儿童腹部鼓胀,是营养不良的表现

▶ 你的饮食中需要多少胆固醇?

不需要。人体能够合成自身所需的所有胆固醇,几乎所有的细胞都可以合成部分胆固醇,但大部分细胞需要更多的胆固醇来维护质膜,这些额外需要的胆固醇是由肝脏合成的。所有细胞膜都含有胆固醇,胆固醇也用于生成胆汁酸和类固醇激素。

▶ 什么是膳食纤维?

膳食纤维是一种不能被消化酶分解的碳水化合物,因此膳食纤维能够较快地通过消化道,帮助排泄。"膳食纤维"包括在植物细胞壁中发现的纤维素,以及构成真菌(蘑菇)、甲壳类动物、昆虫的支撑组织中的几丁质。

▶ 莱纳斯·卡尔·鲍林是谁?

莱纳斯·卡尔·鲍林(Linus Carl Pauling, 1901—1994)是一位两次独得

诺贝尔奖（1954年化学奖、1962年和平奖）的科学家,他使化学有了突破性进展,促进了分子生物学的发展,在医学研究领域也作出了重大贡献。他发现了镰状细胞贫血的分子基础,是最早从事DNA分子结构测定的科学家之一,曾大力提倡用大剂量维生素C来预防疾病。

▶ 人体内的脂肪是如何被利用的?

表1.11

功　　能	特　定　结　构
细胞结构	磷脂和胆固醇构成细胞膜并使其稳定
能量存储	存在脂肪组织中的甘油三酯
隔离,阻断	保护身体免受周围温度变化的影响;促进神经系统信号传导(类似于电线的绝缘结构)
信　使	类固醇激素;高密度脂蛋白和低密度脂蛋白携带的胆固醇通过血液传送

▶ 煮鸡蛋时鸡蛋里的蛋白质发生了什么变化?

鸡蛋里的蛋白富含白蛋白,遇到高温时,形成白蛋白三维结构的化学键会发生不可逆的变化,令原来清澈的、果冻状的蛋清变得白且硬,这个过程称为蛋白质变性。通过改变周围溶液的pH或者加入化学洗涤剂,也可以使蛋白质发生变性。大部分的变性是不可逆的,科学家可以通过部分或者暂时的变性来控制实验过程中酶的活性。

▶ 人体内的胆固醇是在哪里合成的?

现在你的肝脏正在以5×10^{16} mol/s的速度合成胆固醇,人体内通过肝脏合成的胆固醇比通过饮食获取的胆固醇更多!

莱纳斯·卡尔·鲍林在化学领域和分子生物学领域都做出了杰出的贡献

▶ 烫发时蛋白发生了什么变化?

做头发时,构成角蛋白(头发里的主要蛋白)的二级和三级结构的化学键发生了化学断裂和重组,这个过程主要由氢键参与。由此,通过同样的断裂和形成氢键的方法可以使头发卷曲或者被拉直。

▶ 为什么发烧很危险?

发烧通常表明身体受到了病毒或微生物的感染。虽然对发烧是否会加速人体对感染的免疫反应这个问题仍有争议,但是尚无临床证据说明退烧会减缓康复的速度。3个月至5岁之间的儿童大约有4%发生过高热惊厥。人们一般认为高烧可能造成儿童中枢神经系统蛋白质的变性,从而引发高热惊厥或脑损伤。不过这一理论尚未得到完全证实。

▶ 当我们年老时蛋白质发生了什么变化?

有一系列分子变化可以作为衰老的典型特征,例如一些用于维持皮肤完整的蛋白(统称为胶原蛋白)的生成速度减缓。皮肤里胶原蛋白的总量下降了,导致皮肤失去弹性,变得松弛、浮肿,并产生皱纹。只要轻轻捏起不同年龄的人手背上的皮肤,就可以看出随着年龄增长皮肤弹性的丧失。小孩子手背上的皮肤被捏起后会立刻恢复原状,而老年人的皮肤恢复需要的时间则较长。

▶ 人体内是如何存储能量的?

表1.12

能量来源	贮 存 部 位
碳水化合物	肝脏和骨骼肌中的糖原(普通人体内大约有500 g)
脂 肪	脂肪组织。健康成年男子体内有12%～18%的脂肪,健康成年女子体内有12%～25%的脂肪
蛋白质	遍布全身;是能量来源的最后选择

▶ 代谢和寿命之间有什么关系?

一些研究表明,通过维持碳水化合物、脂肪和蛋白质的比例,同时减少热量的消耗,能够延长寿命。但这些结论是从热带孔雀鱼和线虫身上得来的,至今尚无大型临床试验证明此方法对人体有效。

▶ 酒精是如何产生的?

酒精饮料中所含的酒精其实就是乙醇,乙醇是在一个被称为酒精发酵的过程中产生的。细胞在分解葡萄糖从而获得能量的过程中,通过产生乙醇来循环利用能量代谢中的关键分子。有趣的是,酵母只能在酒精含量低于10%的培养基(如啤酒和葡萄酒)中生成,这意味着那些酒精含量超过10%的饮料都是被添加了额外的酒精,或者是经过蒸馏得到的。蒸馏过程包含了乙醇的蒸发和冷凝,因为乙醇的沸点比水低。

▶ 阿司匹林对酶有什么作用?

阿司匹林大概是药店销售的最常见的非处方药,它能够阻止环氧合酶(COX)的生成。COX-1和COX-2是功能不同的两种重要的酶。COX-1催化对胃黏膜有重要保护作用的激素的合成,COX-2是在受伤时可以催发化学物质的生物合成,这些物质可以催生炎症、发烧、疼痛。阿司匹林的疗效(减轻疼痛和炎症)是由于它阻断了COX-2的作用,而副作用(胃损伤)则是由于它同时也阻断了COX-1的作用。

▶ 为什么菠菜能阻止三硝基甲苯(TNT)爆炸?

三硝基甲苯是一种危险的爆炸物,在美国各地的三硝基甲苯存量超过了50万吨。菠菜含有一种强有力的硝基还原酶,它能将三硝基甲苯转化为其他不那么危险的化合物,后者通过进一步反应能够转化为二氧化碳气体。美国军方对这一酶催化过程有极大的兴趣。

▶ 有没有能催情的化学物质?

两个人互相吸引时,体内会释放出神经化合物,因此人们可以说两人之间

▸ 巧克力和大麻有什么关系?

1992年,人们发现巧克力中含有一种叫内源性大麻素的化学物质。内源性大麻素是一种信使分子,它所结合的受体和大麻结合的受体相同,这种结合过程能够减轻痛苦,有助于放松。研究者认为,含有内源性大麻素是巧克力成为广受欢迎的食品的原因之一。

确实产生了化学反应。这些神经化合物包括：苯乙胺（PEA，也存在于巧克力中），能加速神经细胞间的信号流动；多巴胺，能使我们感觉良好；去甲肾上腺素，能使心跳加速。

▶ 为什么吃巧克力会使我们快乐？

巧克力带有300多种已知化合物，其中一些能够改善情绪，比如咖啡因。巧克力中含有少量苯乙胺，它能刺激神经系统，使人反应敏捷并且全身感觉良好。

二 细胞结构

简介及历史背景

▶ 什么是细胞？

细胞是一个由膜包裹的独立单元，其内含有遗传物质（DNA）和细胞质。细胞是生命的基本结构和功能单位。

▶ 什么是细胞理论？

细胞理论的概念是，所有的生物都由基本单位（细胞）所组成，细胞是所有生命的基本组成部分。细胞是组成生命体的物质最简单的集合形式。自然界中存在各种不同形式的单细胞生物，也存在如植物和动物这类更复杂的生物，它们是由多种分化的特殊细胞组成的多细胞生物体。这些分化的细胞不能长期单独存活。所有的细胞都来自原有细胞，并通过不同的改进方式分裂为相应的早期细胞，这些改进方式是地球上生命体经历漫长的进化过程的积累。有机体的一切变化从根本上说都是在细胞水平上发生的。

▶ 人类是从什么时候开始研究细胞的？

对细胞的科学研究是从17世纪对细胞的首次描述开始的。

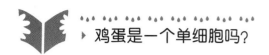

鸡蛋是一个单细胞吗？

鸡蛋壳里只有一组细胞结构（细胞核、细胞质和细胞膜）。因此，它是一个单细胞。但是，由于它含有丰富的供鸡胚胎发育所需的营养物质——卵黄和白蛋白，导致这个细胞远远大于鸡或其他生物的正常细胞。

在早期阶段，细胞的研究主要是利用原始的光学显微镜来观察细胞并通过对细胞形态的描述来记录细胞结构。18—19世纪，细胞的研究已经扩展到包括细胞化学和生理学的研究，并慢慢地从形态学研究中分离出来。直到20世纪初期，由于生物化学领域的迅速发展开始影响细胞生物学，细胞结构、细胞化学和细胞生理学的研究不再作为单独的实验领域。同时，建立了遗传学研究领域。

▶ 什么是细胞学？

细胞学主要是利用显微技术研究细胞结构。1892年，德国胚胎学家奥斯卡·赫特维希（Oscar Hertwig, 1849—1922）提出，生物过程是细胞过程的映像。这标志着细胞学成为生物学的一个独立分支。

▶ 不用显微镜可以看到细胞吗？

可以，但是不多。大多数细胞远小于这个句子末尾的句号。鸟蛋和青蛙卵的细胞可能比较大，可以用肉眼观察到。

▶ 早期科学家们有哪些与细胞相关的重要发现？

1665年，罗伯特·胡克（Robert Hooke, 1635—1703），伦敦皇家学会的仪器管理负责人，首次观察到细胞。最初他是在一块软木塞上观察到了细胞，接着又在骨骼和植物中发现了细胞。1824年，亨利·迪特罗谢（Henri Dutrochet,

1776—1847）提出，动物和植物具有相似的细胞结构。1831年，罗伯特·布朗（Robert Brown, 1773—1858）发现细胞核，同时，马蒂亚斯·施莱登（Matthias Schleiden, 1804—1881）命名了核仁（现已知道，这是细胞核内参与核糖体合成的结构）。1839年，施莱登和特奥多·施旺（Theodor Schwann, 1810—1882）各自独立描述了一般细胞理论的初步形式，施莱登说明细胞是植物的基本单位，施旺进一步认为细胞也是动物的基本单位。1855年，罗伯特·雷马克（Robert Remak, 1815—1865）率先描述细胞分裂。雷马克发现细胞分裂后不久，鲁道夫·菲尔绍（Rudolph Virchow, 1821—1902）表示，所有的细胞都来自原有细胞。施莱登、施旺和菲尔绍的研究成果使细胞学说建立在牢固的理论基础上。1868年，恩斯特·海克尔（Ernst Haeckel, 1834—1919）提出，细胞核负责遗传。1888年，瓦尔代尔-哈茨（Waldeyen-Hartz, 1836—1921）在细胞核中观察到并命名了染色体。华尔瑟·弗莱明（Walther Flemming, 1843—1905）是第一个追踪染色体在细胞分裂全程中变化的人。

▶ "细胞"（cell）一词的起源是什么？

"细胞"一词由英国科学家罗伯特·胡克最先使用。1665年，他在一块软木塞上观察到细胞。胡克用显微镜放大三十倍后，发现软木塞上的小室或车厢样小格，称其为cellulae，这一拉丁语单词意为"小房间"，因为它们让他想起了僧侣居住的小房间。正是从这个词，我们得到了现代的"细胞"一词。他计算得出，1 in^2（6.45 cm^2）的软木塞含有 1 259 712 000 个这样的小室或细胞！

▸ 谁第一个提出用"原核"和"真核"来形容细胞？

1937年，法国海洋生物学家爱德华·查顿（Edouard Chatton, 1883—1947）提出术语 procariotique（原核）和 eucariotique（真核）。原核，意思是"核前"，专用于描述细菌；真核意为"真正的核心"，则用来描述所有其他细胞。

原核细胞和真核细胞

▶ 原核细胞与真核细胞的区别?

真核细胞比原核细胞复杂得多,细胞质内有分隔的内部结构和膜结合细胞器。真核细胞的主要特点是它有膜结合的细胞核,细胞核将遗传信息的活动与其他类型的细胞代谢分隔开。

表2.1　原核细胞与真核细胞的比较

特　征	原 核 细 胞	真 核 细 胞
生物体	真细菌和古细菌	原生生物、真菌、植物、动物
细胞大小	一般直径 $1 \sim 10\ \mu m$	一般直径 $10 \sim 100\ \mu m$
膜结合细胞器	没有	有
核糖体	有	有
细胞分裂方式	细胞分裂	有丝分裂和减数分裂
DNA位置	拟核	细胞核
细胞膜	有一些	有很多
细胞骨架	没有	有

▶ 什么样的生物群体具有原核细胞或真核细胞?

所有生物分为三大组,称为域。它们是:细菌、古细菌和真核生物。细菌域(真细菌或"真正的"细菌)和古细菌域(古细菌或"古老"细菌)组成具有原核细胞的单细胞生物。真核生物域由四个界组成:原生生物界、真菌界、植物界和动物界。这些群体的生物都含有真核细胞。真核生物意味着"真正的细胞核"。

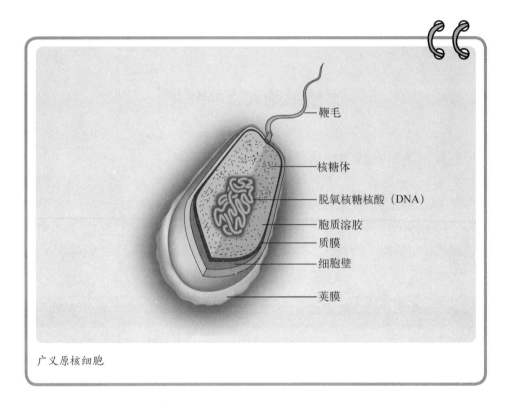

广义原核细胞

▶ 如何比较细菌、植物和动物的细胞？

表2.2 细菌、植物和动物的细胞的区别

		细菌（原核生物）	植物（真核生物）	动物（真核生物）
外部结构	细胞壁	有（蛋白质、多糖）	有（纤维素）	没有
	质膜	有	有	有
	鞭毛和纤毛	可能有	没有（除了少数物种的精子）	通常有
内部结构	内质网	没有	一般有	一般有
	核糖体	有	有	有
	微管	没有	有	有
	中心粒	没有	没有	有
	高尔基体	没有	有	有
	细胞骨架	没有	有	有

（续表）

		细菌（原核生物）	植物（真核生物）	动物（真核生物）
其他细胞器	细胞核	没有	有	有
	线粒体	没有	有	有
	叶绿体	没有	有	没有
	核仁	没有	有	有
	染色体	单链裸露的DNA	多倍，DNA-蛋白质复合体	多倍，DNA-蛋白质复合体
	微体	没有	有	有
	溶酶体	没有	没有	有
	液泡	没有	一般有一个大液泡	没有

▶ **典型的哺乳动物细胞的化学组成是什么？**

表2.3　哺乳动物细胞的化学组成

成　　分	占细胞总质量的比例（%）	成　　分	占细胞总质量的比例（%）
水　分	70	多糖类	2
蛋白质	18	无机离子（钠、钾、镁、钙、氯等）	1
磷脂类和其他脂类	5	核糖核酸	1.1
各种小分子代谢产物	3	脱氧核糖核酸	0.25

▸ **如何比较原核细胞与真核细胞的大小？**

　　真核细胞一般比原核细胞大很多，并且更复杂。大多数真核细胞的体积是典型原核细胞的100～1 000倍。

细胞内部组织

▶ 已发现真核细胞中有几类内膜结构?

真核细胞中有两类内膜结构。一类是分散的细胞器,如线粒体、叶绿体和过氧化物酶体;另一类是动态的内膜系统,包括核膜、内质网、高尔基体、溶酶体和液泡。

▶ 什么是细胞器?

细胞器通常称为"小器官",存在于所有的真核细胞中。它们具有特别的、膜包裹的细胞结构,能执行特定的功能。真核细胞内含有多种细胞器,如细胞核、线粒体、叶绿体、内质网和高尔基体。

▶ 真核细胞的主要组成成分是什么?

表2.4　真核细胞的主要组成成分

结 构		描 述
细胞核	细胞核	由双层膜包裹的巨大结构
	核仁	细胞核内的特殊机构;由RNA和蛋白质组成
	染色体	由DNA和蛋白质组成的复合物(染色质)组成;细胞分裂后类似于棒状结构
胞质细胞器	质膜	活细胞的膜边界
	内质网(ER) ——光面内质网 ——粗面内质网	网状的内膜系统,通过细胞质延伸 外表面缺少核糖体 外表面镶嵌核糖体
	核糖体	由RNA和蛋白质组成的颗粒;一些附着在ER上,一些游离在细胞质中

结　　构		描　　述
胞质细胞器	高尔基复合体	堆叠的扁平膜囊状结构
	溶酶体	膜囊（动物细胞中）
	液泡	膜囊（大多数存在于植物、真菌和藻类中）
	微体（比如过氧化物酶体类）	含有各种酶的膜囊
	线粒体	双层膜组成的囊状结构；内膜折叠形成嵴和封闭的基质
	质体（比如叶绿体）	双层膜结构内部包裹类囊体膜；叶绿体的类囊体膜含有叶绿素Ⅱ
细胞骨架	微管	微管蛋白亚单位组成的空心管
	微丝	肌动蛋白组成的坚固棒状结构
	中心粒	位于细胞中心附近的成对空心圆柱体；每个中心粒由3个含有9根微管的结构组成（9×3结构）
	纤毛	从细胞表面突起延伸，比较短；被质膜覆盖；由2个中心和9根外周微管组成（9+2结构）
	鞭毛	从细胞表面延伸出的相对较短的突起；被质膜覆盖；由2个中心和9根外周微管组成（9+2结构）

▶ 什么是细胞质？

细胞质是细胞中半流体状的物质，细胞内的细胞器悬浮在细胞质中。

▸ 所有细胞最主要的三个部分是什么？

所有的细胞都具有三个主要部分：细胞膜、细胞质和拟核或细胞核。

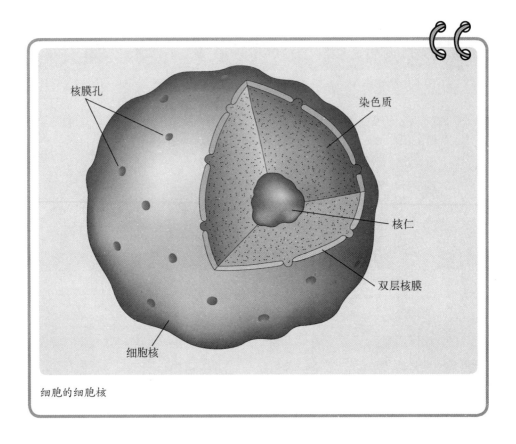

细胞的细胞核

细　胞　核

▶ 细胞核的主要功能是什么?

细胞核是细胞的信息中心和遗传信息(DNA)的储存库,它主导活的真核细胞的所有活动。它通常是真核细胞中最大的细胞器,并包含染色体。

▶ 第一次描述细胞核是在什么时候?

1831年,苏格兰植物学家罗伯特·布朗在研究兰花的过程中第一次描述并命名了细胞核。布朗在意为"小坚果"或"内核"的拉丁语nucula的基础上，将自己所发现的结构命名为"细胞核"。

▶ 细胞核的主要成分是什么？

细胞核的外周由两层膜（内膜和外膜）构成，形成核被膜。核孔，是核被膜上开着的一些小孔，核孔允许分子在细胞核与细胞质之间移动。核仁是细胞核内的一个突出的结构。核质是细胞核的内部空间。此外，在细胞核中会发现DNA的载体——染色体。细胞核是细胞遗传信息的储存库以及这些遗传信息表达的控制中心。

▶ 为什么DNA很重要？

DNA是细胞核内的一种化学物质，它载有创造生命体的遗传指令。

▶ DNA首次被发现是在什么时候？

1869年，约翰·弗里德里希·米歇尔（Johann Friedrich Miescher, 1844—1895）首次发现了DNA。他分离出并描述了他所谓的"核素"，核素后来被证明是脱氧核糖核酸，即细胞的遗传信息。

▶ 一个典型的人类细胞含有多少DNA？

如果将单个人类细胞的DNA伸展开并测量两端的距离，所得数值大约为2 m。人体内平均含有长度为16亿～32亿km的DNA，分布于万亿个细胞之中。如果一个人的所有细胞的总DNA被解开，那总长度等于在地球和太阳之间来回600次。

▶ **在细胞核内DNA是如何构造的？**

在细胞核内，DNA与蛋白质结合形成纤维状物质，被称为染色质。当细胞准备分裂或复制时，薄的染色质纤维凝结变得足够厚，形成能被看到的独立结构，被称为染色体。

▶ **DNA与细胞大小有什么关系？**

一个细胞必须容纳的DNA总量，具有非常重要的意义，即使对于那些具有中等规模基因组的生物体也一样。在典型的大肠杆菌细胞中含有足以环绕其自身400次以上的DNA。一个典型的人类细胞中含有的DNA，足以包裹细胞15 000次以上。

▶ **哪些细胞器含有DNA？**

在细胞核、线粒体、叶绿体和一些中心粒中，我们能发现DNA。

▶ **是不是所有的细胞都含有细胞核？**

原核细胞没有一个系统化的细胞核。大多数真核细胞有一个系统化的核。红细胞是仅有的无细胞核的哺乳动物细胞。

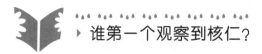

▶ 谁第一个观察到核仁？

1835年，鲁道夫·瓦格纳（Rudolph Wagner, 1806—1864）首次对这种细胞器进行了准确描述。

▶ 为什么细胞中核仁的大小不同?

具有较高的蛋白质合成速率的细胞往往含有大量的核糖体。在这些活跃的细胞中,核仁往往会变大,可占细胞核体积的20%~25%。

▶ 核仁的功能是什么?

核仁是一个大的球形结构,存在于真核细胞的细胞核,是核糖体亚基组装以及核糖体RNA合成和加工的场所。

▶ 细胞核上有多少个核孔?

在哺乳动物细胞中,一个典型的细胞核含有3 000~4 000个核孔或每平方微米含有10~20个核孔。核孔不只是单纯的孔眼,而是由一百多种不同蛋白质所组成的通道。

▶ 什么是染色体?

染色体是细胞内含有DNA和携带细胞遗传物质的线状部分。原核细胞的染色体完全由DNA组成并且不被封闭于核膜内。在真核细胞中染色体都位于细胞核内,并含有DNA和RNA。

▶ 染色体是在什么时候被发现的?

早在1872年,染色体已被发现。当时艾德蒙·拉塞尔(Edmund Russow,1841—1897)描述,在细胞分裂时,可以观察到一些类似小棒的物体,他将这些小棒命名为Stäbchen。1875年,爱德华·冯·贝尔登(Edouard van Beneden,1846—1910)用术语bâtonnet描述核复制。一年后(1876年),爱德华·巴尔比尼(Edouard Balbiani,1825—1899)描述,在细胞分裂时细胞核溶解成一系列的"窄小棒"(bâtonnets étroits)。华尔瑟·弗莱明发现在有丝分裂过程中,染色体的"线"纵向分裂。

▶ 哪种生物的染色体数量最多?

心叶瓶尔小草,是一种蕨类植物,它拥有的染色体数量超过1 260条（630对）。

▶ 哪种生物的染色体数量最少?

具有最少数量染色体的生物体是一种雄性澳大利亚蚂蚁——杰克跳蚁（*Myrmecia pilosula*）。这种蚂蚁每个细胞中只有一条染色体。雄蚁通常是单倍体,也就是说它们具有正常数目一半的染色体,而雌性蚂蚁则每个细胞有两个染色体。细菌拥有一个环状的、由DNA和相关蛋白质组成的染色体。

▶ 什么是端粒,它们位于何处?

端粒是由DNA组成的保护结构,它含有一个多次重复的短核苷酸序列而不是基因。它们存在于真核细胞染色体的每个端部。

细 胞 质

▶ 哪种细胞器能将细胞划分成多个区域?

内膜系统仅能通过电子显微镜观察到,该膜系统充满整个细胞并将细胞划分成多个区域。内质网以一系列相互连接的膜管和通道的形式分布于细胞质中,形成内膜中最大、最广泛的膜系统。

▶ 内膜系统的功能是什么?

内膜系统允许大分子扩散或允许一种组分从一个系统转移到另一个系统中。

▶ 粗面内质网和光面内质网的区别是什么?

粗面内质网是指含有丰富的核糖体、可用于蛋白质合成的区域;这些区域像是一层卵石表面,有点类似于砂纸。无核糖体的区域被称为光面内质网;光面内质网参与脂类、类固醇和碳水化合物的代谢与合成,以及药物或其他对细胞有毒副作用成分的失活和解毒。

▶ 高尔基体的功能是什么?

高尔基体是一系列扁平堆叠膜的集合。它作为细胞产物的包装中心,可在相应的位置收集细胞产物,并将它们包裹在囊泡中,供细胞内的其他地方使用或运输到细胞之外。

▶ 谁发现了高尔基体?

1898年,意大利医生卡米洛·高尔基(Camillo Golgi, 1843—1926),首先在神经细胞中观察到一种含有小纤维、多腔道、含颗粒的不规则网状结构。但是直到20世纪40年代,电子显微镜的发明才证实了高尔基体的存在。1906年,高尔基和圣地亚哥·拉蒙–卡哈尔(Santiago Ramón y-Cajal, 1852—1934)因对神经系统的精细结构的研究贡献而获得诺贝尔生理学/医学奖。

▶ 一个细胞中有多少高尔基体?

原生生物中含有一个或少量的高尔基体。动物细胞中可能含有20个或更多的高尔基体,而植物细胞中可能含有数百个高尔基体。

▶ **真核细胞中主要含有哪两种囊泡？**

囊泡通常是由高尔基体形成的小的胞内膜囊。溶酶体和微体是真核细胞中主要含有的两种囊泡。

▶ **溶酶体的功能是什么？**

溶酶体是含有消化酶的单一的、膜包裹的囊体。消化酶能分解所有主要类型的大分子,包括蛋白质、碳水化合物、脂肪和核酸。在细胞的整个生命周期,溶酶体酶能消化旧的细胞器,为新合成的细胞器腾出空间。溶酶体使细胞不断自我更新,防止细胞毒素的积累。

▶ **谁发现了溶酶体？**

在细胞生物学领域,溶酶体是一个相对较新的发现。在20世纪50年代早期,克里斯汀·德·迪夫(Christian de Duve, 1917—2013)观察到了它们。经过

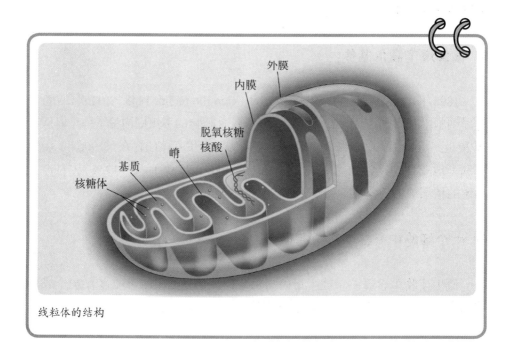

线粒体的结构

6年的实验，到1955年，德·迪夫确信，他发现了一个以前从未被发现的细胞器，它参与了细胞内的裂解（消化）。他将这种细胞器命名为溶酶体。这是第一个完全用生化指标说明的细胞器。后来用电子显微镜证实了这种细胞器的存在。1974年，德·迪夫、阿尔伯特·克劳德（Albert Claude, 1898—1983）和乔治·帕拉德（George Palade, 1912—2008）因对溶酶体功能的研究贡献，共同获得了诺贝尔生理学/医学奖。

▶ 什么是过氧化物酶体，它有什么功能？

过氧化物酶体也是由克里斯汀·德·迪夫发现的。它由单层膜包围，是细胞中最常见的微体，在藻类细胞、植物的光合细胞、哺乳动物肾和肝细胞中尤为常见。过氧化物酶体中含有解毒酶系并能合成过氧化氢酶，能将过氧化氢分解成氢气和水。

▶ 为什么核糖体是一种重要的细胞器？

核糖体是分子机器中最复杂的部分之一，它是细胞内合成蛋白质的场所。核糖体由大亚基和小亚基组成，大、小亚基均由核糖体RNA和蛋白质组成。然而，与其他的膜结构细胞器相比，核糖体非常小！

▶ 细胞中，哪些地方可以发现核糖体？

核糖体存在于原核和真核细胞的细胞质中，还有线粒体的基质和叶绿体的基

▸ **一个典型的细胞中含有多少个核糖体？**

一个细菌细胞通常含有数千个核糖体，而一个人肝细胞中含有几百万个核糖体。生长活跃的哺乳动物细胞中，每次细胞分裂都需合成五百万到一千万个核糖体。

质中。在真核细胞的细胞质中,可发现核糖体位于胞浆内,与内质网以及核被膜的外膜相结合。

▶ 核糖体与其他的细胞器有何不同?

核糖体与其他细胞器的不同在于,它没有被膜包裹。

▶ 原核细胞与真核细胞中的核糖体有何不同?

原核与真核细胞的核糖体结构相似,但它们并不是完全相同。原核细胞的核糖体比较小,含有较少的蛋白质和较小的RNA分子,并且对蛋白质合成的不同抑制因子更敏感。

▶ 什么是线粒体?

线粒体是所有真核细胞的细胞质中发现的能进行自我复制的双层膜体。线粒体的外膜是光滑的,而内膜被折叠成许多层,称为嵴。线粒体是大多数蛋白质合成和代谢的场所,同时也在这里生成三磷酸腺苷和脂质。

▶ 线粒体是什么时候被发现的?

1857年,组织学家和胚胎学家阿尔伯特·冯·科立克(Albert von Kölliker,1817—1905)首先在肌肉细胞中描述了内瘤(sarcosomes,现在被称为线粒体)。术语"线粒体"(意为"线状颗粒")于1898年开始使用。1948年首次分离出具有活性功能的线粒体。科立克是最早用细胞成分的术语来解释组织结构的生物学家。

▶ 一个细胞中有多少个线粒体?

线粒体的数量根据细胞的类型而变化。其数目在1～10 000个之间,平均约为200个。人的肝脏中的每个细胞都有超过1 000个线粒体。高能量需求的细胞可能会含有更多的线粒体,如肌肉细胞。

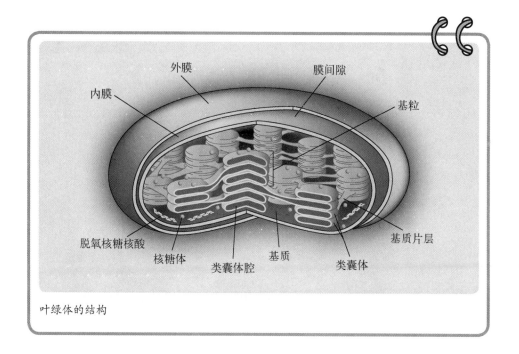

外膜

膜间隙

内膜

基粒

脱氧核糖核酸

核糖体

类囊体腔

基质

基质片层

类囊体

叶绿体的结构

▶ 叶绿体的功能是什么？

叶绿体是光合作用的场所，属于结构性和功能性单元。光合作用，是指绿色植物利用光能将二氧化碳和水合成为有机分子，并释放副产物氧气的过程。叶绿体含有绿色色素叶绿素，它能捕获光能进行光合作用。

▶ 叶绿体是在什么时候被发现的？

因为叶绿体是一种大型细胞结构（大于细胞核以外的任何其他细胞器），所以在细胞学史的早期已被描述和研究。在17世纪，细胞微观研究的早期阶段，安东·范·列文虎克（Anton van Leeuwenhoek, 1632—1723）和尼赫迈亚·克鲁（Nehemiah Grew, 1641—1712），发现并描述了叶绿体。

▶ 是不是所有的植物细胞都含有叶绿体？

并不是所有的植物细胞中都含有叶绿体。各类植物细胞起源于分生组织，

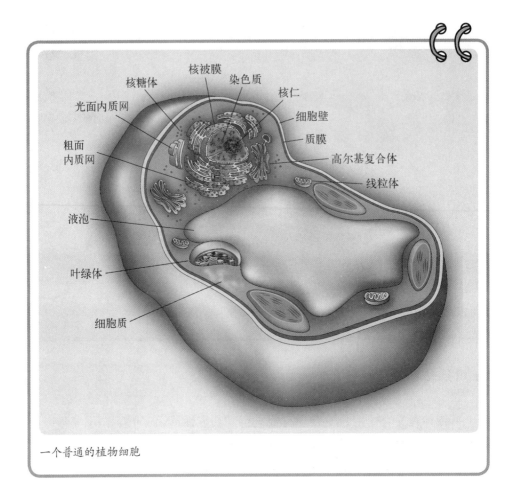

光面内质网

核糖体

核被膜

染色质

核仁

细胞壁

质膜

高尔基复合体

线粒体

粗面
内质网

液泡

叶绿体

细胞质

一个普通的植物细胞

即快速分裂且未分化的组织。分生组织细胞不含叶绿体,但具有更小的称为前质体的细胞器。根据它们在植物中的位置以及它们吸收光能的多少,前质体会发展成几种具有不同功能的质体。叶绿体是质体的一种,它能将光能转换为化学能,随后用于有机分子的合成——光合作用的过程。

▶ 有哪些不同类型的质体?

前质体可以分化成多种类型的质体,它们都参与细胞的储藏,造粉体储藏淀粉、蛋白体储藏蛋白质、造油体储藏脂类。此外,一些前质体会分化成有色体。

▶ 叶绿体的主要成分是什么?

叶绿体具有外膜和内膜,它们相互紧密关联。叶绿体也有由内膜堆叠形成的封闭小隔区,称为基粒。叶绿体可能含有一百个或更多的基粒,每个基粒可能含有几个到数十个圆盘状结构,这些结构被称为类囊体,类囊体的表面含有叶绿素。围绕着类囊体的流体被称为基质。

▶ 植物细胞中含有多少叶绿体?

单细胞藻类可能只含有一个大的叶绿体,但是一片植物叶子的细胞中可能含有20～100个叶绿体。

▶ 如何区分有色体和叶绿体?

有色体是在植物中发现的含色素的质体。它们的功能是使一些花、果实和植物显现出可见的红色、橙色或黄色。

▶ 什么是细胞骨架,它有什么功能?

细胞骨架是由先进的显微术观察到的真核细胞的结构特征。它是由相互连接的细丝和细管遍布整个细胞质而形成的三维网络。这些细丝和细管从细胞核一直延伸到细胞,它们决定了细胞形状并促进各种细胞的运动。

▶ 真核细胞的细胞骨架中含有哪三种类型的纤维?

细胞骨架是维持细胞形状的纤维网络。它含有三种类型的纤维,分别是肌动蛋白丝、微管和中间丝。肌动蛋白丝是由两条蛋白链组成的长纤维。它们负责细胞运动,如收缩、"爬行"、分裂过程中的缩聚,以及细胞延展的形成。微管是由13根蛋白纤丝组成的环状空心管,负责细胞内物质的转运。中间丝是由纤维蛋白分子结构重叠排列形成的坚韧纤维。中间丝的大小介于肌动蛋白丝和微管之间,中间丝维持细胞结构的稳定性。

细胞壁和质膜

▶ 哪些生物群体有细胞壁?

古细菌、真细菌、原生生物、真菌和植物界的生物体具有细胞壁。动物是唯一没有细胞壁的生物。

▶ 植物细胞壁的主要成分是什么?

细胞壁是区分植物细胞与动物细胞的特征之一。细胞壁能保护植物细胞,并保持细胞形状。细胞壁主要由微原纤维嵌在含有蛋白质和多聚糖的基质中形成的。

▶ 初生细胞壁与次生细胞壁有何不同?

细胞分裂期间生成相对较薄且柔韧的初生细胞壁,以适应细胞膨大和伸长。当细胞成熟并停止增长时,细胞壁变得更加坚韧。在一些细胞中,次生细胞壁形成于质膜与初生细胞壁之间。通常,次生细胞壁会沉积多个叠层。次生壁坚固耐用,起保护和维持细胞形态的作用。木材主要由次生细胞壁组成。

▶ 细菌细胞壁与植物细胞壁有何不同?

原核生物(如细菌)和植物的细胞壁,决定了细胞的形状并使细胞具有一定的硬度。与植物细胞壁不同的是,细菌细胞壁主要成分是肽聚糖而不是纤维素。肽聚糖是由多糖链(氨基糖)与小肽交联形成的。

▶ 细胞膜的功能是什么?

细胞膜具有确定和划分空间、调节物质的流动、检测外部信号并介导细胞间相互作用的功能。

▶ 质膜的结构是怎样的?

质膜是包裹在所有活细胞外围的薄膜。它由连接或嵌有各种蛋白质的双层磷脂层组成(双层膜)。

▶ 奥弗顿和朗缪尔对细胞膜的研究有何贡献?

早在19世纪90年代,查尔斯·奥弗顿(Charles Overton, 1865—1933)意识到细胞好像被一层具有选择渗透性的物质包裹着,这种特殊物体能使不同的物质以明显不同的速率进出细胞。他发现脂溶性物质容易进入细胞,而水溶性物质则不然。他的结论是细胞表面的脂质是某种类型的"外套"。欧文·朗缪尔(Irving Langmuir, 1881—1957)提出,细胞被脂质单层包裹着。他的工作成为进一步研究膜结构的基础。朗缪尔在1932年获得了诺贝尔化学奖。

▶ 谁首先提出细胞膜是由脂质双层结构组成的?

1925年,两位荷兰生理学家埃弗特·戈特(Evert Gorter, 1881—1954)和F. 格兰德尔(F. Grendel)提出了在细胞表面有脂质双层结构的假设。他们的工作意义重大,因为这是人类第一次试图在分子水平上了解膜结构。

▶ 谁首先提出了质膜的模型?

继戈特和格兰德尔对细胞膜的前期研究工作之后,1935年,休·戴维森

▶ 细胞质膜有多厚?

质膜大约只有 8 nm(纳米)厚。8 000个质膜堆叠形成的厚度相当于一张纸的厚度。

（Hugh Davson，1909—1996）和詹姆斯·F. 丹尼利（James F. Danielli，1911—1984）提出了细胞膜结构的三明治模型，即球状蛋白质之间夹着磷脂双层。由于细胞膜在体内是如此脆弱，所以人们只能通过提出理论模型来解释膜结构。目前的技术尚不允许直接观察质膜的正常运行。

▶ 目前，质膜的模型是什么？

目前质膜的模型，经常被称为流体镶嵌模型，它基于1972年由西摩·J. 辛格（Seymour J. Singer，1924—）和加思·L. 尼科尔森（Garth L. Nicholson，1943—）完成的研究工作。他们的研究显示，细胞膜是由整合蛋白质浮于液体磷脂双层上而形成的嵌合体。这种模式不是静态的，蛋白质的位置是不断变化的，如同冰山在脂质海洋中上下浮动。外周蛋白不嵌入在脂质双层结构中，而是松散地结合在膜表面。膜表面的碳水化合物作为细胞标记，可用于区分不同的细胞。该模型已被多次测试，证明能准确地预测多种细胞膜的性质。这种结构模型也已通过冷冻断裂电子显微技术得到证实。

▶ 质膜的主要功能是什么？

质膜的主要功能是提供一种屏障，使细胞内的成分不外流，同时阻止有害物质进入细胞。膜允许必需的营养素被运送到细胞内，协助除去细胞中产生的废物。质膜的特定功能的发挥，取决于膜上存在的磷脂和蛋白质的种类。

▶ 质膜的主要成分有哪些？

表2.5 质膜的主要成分与功能

成　　分	功　　能
细胞表面标志物	自我识别；组织识别
内部蛋白网络	决定细胞的形状
磷脂分子	形成选择性渗透屏障；作为蛋白质基质
跨膜蛋白	能够逆浓度梯度跨膜转运分子

▶ 什么是细胞连接？

细胞连接是相邻细胞的质膜之间的特殊连接。细胞连接的三种类型是紧密连接、锚定连接和连通连接。紧密连接是将细胞结合在一起，形成一个防漏屏障。例如，紧密连接形成消化道的内层，阻止了肠的内容物进入体内。锚定（或附着）连接是将细胞连接在一起，使它们形成一个功能单元或形成组织，如心脏肌肉或形成表皮的上皮细胞。连通（或间隙）连接能在细胞之间快速进行化学因子和电子通信。它们由连接相邻细胞的细胞质的通道组成。

纤毛和鞭毛

▶ 纤毛和鞭毛有什么相似之处？

纤毛和鞭毛是真核细胞能运动的附属器。它们是从细胞表面伸出的，表现出摆动运动的一种比较粗大、灵活的结构。假如一个细胞有一条或少数的附属物，当它们与细胞大小相比，长度相对较长的，可以确定是鞭毛（单条、多条鞭毛）。如果一个细胞有许多短的附属物，那就称为纤毛（单条、多条纤毛）。纤毛和鞭毛具有相同的内部结构，但它们的长度、数量和摆动方式不同。它们呈轴突状，由直径 0.25 μm 的小管组成。轴丝为"9+2"的组合模式，即 9 个成对的小管和 2 个附加的中心微管（中心对）。纤毛长 2～10 μm，而鞭毛要长得多，从 1 微米到几毫米，但大多为 10～200 μm。它们都是细胞内结构，是细胞质膜的延伸。

▶ 细胞中最大和最小的细胞器分别是什么？

细胞中最大的细胞器是细胞核。第二大的细胞器应该是叶绿体，一般情况下叶绿体比线粒体大。最小的细胞器是核糖体。

细胞可利用纤毛和鞭毛穿过水样的环境或在细胞表面移动物质。

▶ 纤毛和鞭毛的运动方式有何不同?

纤毛是来回移动的,这使它们的运动方向与前进方向轴垂直。鞭毛呈鞭状波动,朝着与轴同样的方向运动。

其　　他

▶ 植物细胞有哪些独特的细胞结构?

叶绿体、中央液泡、液泡膜、细胞壁和胞间连丝,这些结构只存在于植物细胞中。

▶ 中央液泡有什么功能?

中央液泡可以包裹细胞的80%或者更多。它通常是一个成熟的植物细胞中最大的隔室,并由液泡膜包裹着。它提供的重要功能包括贮藏、废物处理、保护和促进生长。

▶ 什么是胞间连丝?

胞间连丝存在于植物细胞中。它们是细胞壁上的通道或管道,连接相邻细胞的细胞质。它们可使分子直接进入相邻细胞进行连通。植物细胞通过胞间连丝连接形成功能组织。

▶ 动物细胞具有什么独有的细胞结构?

溶酶体和中心粒仅存在于动物细胞中。

人体中有多少细胞？

人体中约有100万亿个细胞。

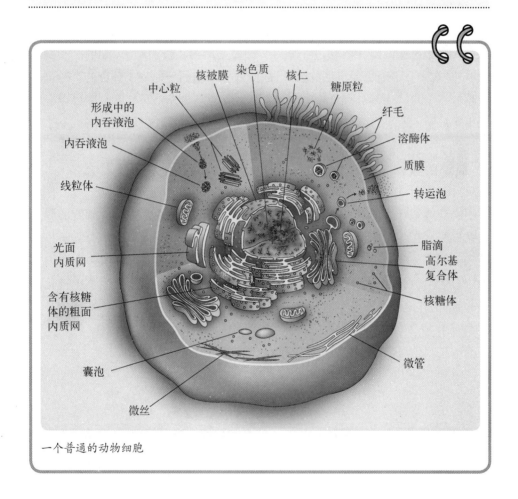

一个普通的动物细胞

图中标注：

中心粒　核被膜　染色质　核仁　糖原粒
形成中的内吞液泡　　　　　　　　　纤毛
内吞液泡　　　　　　　　　　　　　溶酶体
线粒体　　　　　　　　　　　　　　质膜
　　　　　　　　　　　　　　　　　转运泡
光面内质网　　　　　　　　　　　　脂滴
　　　　　　　　　　　　　　高尔基复合体
含有核糖体的粗面内质网　　　　　　核糖体
囊泡　　　　　　　　　　　　　　　微管
微丝

▶ 动物细胞中心粒的功能是什么？

中心粒的功能是聚合和组织被称为微管的长形空心蛋白质圆柱体。由此，中心粒也被称为微管组织中心（MTOCs）。

▶ 微管的功能是什么？

微管辅助维持细胞的形状，在细胞分裂时可迁移染色体，以及作为纤毛和鞭毛的内部结构。

▶ 细胞的寿命有多长？

大多数细胞的寿命不超过一个月。即使是活得较长的细胞，如肝脏和脑细胞，也是在一直不断更新自己的组件，因此这些细胞的任何一个部分的寿命都不会超过一个月。一种具有更长寿命的细胞是记忆B细胞。记忆B细胞可以存活几十年甚至一辈子，并在病原体第二次入侵时提供免疫应答反应。

▶ 简单的原核细胞和复杂的真核细胞之间的进化关系是什么？

线粒体和叶绿体具有类原核生物特征。例如，虽然大多数真核细胞的脱氧核糖核酸存在于细胞核中，但是线粒体和叶绿体在它们的内室中也有脱氧核糖核酸分子。线粒体和叶绿体核糖体类似于原核细胞的核糖体。内共生学说认为，真核生物是由原核生物祖先进化而来的——细胞器是从原核生物中进化而来的，最初它们存在于更大的细胞中，但最终失去了作为独立生物体的能力。

三 细胞功能

基 本 功 能

▶ **为什么细胞这么小？**

细胞有多种不同的大小和形状。细菌细胞是最小的（直径0.2～0.3 μm），植物和动物细胞一般比较大（直径10～50 μm）。细胞的大小是由表面积/体积的比来决定的，需足以维持细胞完成正常功能所需的物质和酶的进入。为进一步理解表面积/体积比，可将细胞想象成一个立方体：立方体的体积增加只需长度或直径的增加，但是表面积只有当整个立方体增大时才能增加。一旦达到表面积/体积比的上限，细胞膜表面积的小幅度增加就满足不了细胞质体积的进一步增大。

▶ **物质是如何进出细胞的？**

细胞不断在细胞膜上进行物质的运送。胞吞作用在英语中为endocytosis（endo来自希腊语，意思是"进去"；cytosis是"细胞"的意思），是指细胞将分子带入细胞结构中的过程。胞吐作用在英语中为exocytosis（希腊语exo，意为"出"），是指细胞将物质通过细胞膜运出细胞结构外的过程。有两种不同类型的胞吞作用：胞饮作用（pinocytosis；希腊语pino，意思是"饮"）和吞噬作用（phagocytosis；希腊语phago，意为"吃"）。细胞不断地在其细胞膜转运物质。

▶ 细胞是如何吞饮的?

细胞吞饮的过程称为胞饮,是胞吞作用的一种形式。胞饮过程中细胞膜向内凹陷,在液体周围形成一个小的囊袋(囊泡)。细胞消耗的液体中可能含有小分子,如脂质。毛细血管中的内皮细胞持续不断地进行胞饮过程,即从毛细血管的血液中"吞饮"。

▶ 细胞是怎么吃东西的?

细胞吃东西的过程称为吞噬作用,这对以下两种类型的细胞很重要:阿米巴原虫(单细胞原生动物)和哺乳动物的白细胞(巨噬细胞、中性粒细胞)。吞噬作用对原生动物是非常重要的,因为它可以提供食物。吞噬作用在哺乳动物的防御系统中也是至关重要的,因为它能消除入侵的微生物或受损的细胞。一旦一个粒子(或微生物)被摄入,就被包裹在一个囊泡中,然后囊泡与溶酶体融合。溶酶体中的消化酶随后会消化囊泡中的内含物。

▶ 细胞如何分泌物质?

从细胞中释放物质的过程称为胞吐作用。首先,细胞形成细胞产物然后包

▸ 为什么吞噬功能对人体如此重要?

吞噬作用不仅能清除潜在的致命入侵者,而且它对维护组织健康也很重要。没有这种机制,无用物质就可能会积累并干扰人体正常功能的发挥。人体脾脏和肝脏的巨噬细胞,每日要处理超过10亿个衰老的血细胞,这是足以说明吞噬作用重要性的一个很好的例子。

装产物。形成的包裹或囊泡的组成材料与细胞膜相同。当囊泡到达细胞膜上后，这两种结构融合在一起，就像气泡溶于液体中一样。然后囊泡的内容物被排出细胞。例如，分泌细胞产生特定的蛋白质，如胰腺细胞制造胰岛素，利用胞吐作用把分泌的胰岛素释放到血液中。

▶ 细胞如何移动？

不是所有的细胞都会移动，但那些移动的细胞会表现出显著的躯体特征和诱导运动的方法。含有鞭毛的细胞（如精子），通过鞭毛来回摆动实现细胞的移动。一些原生生物（如草履虫）具有纤毛——比鞭毛小很多，它们通过在液体中移动来进行运动，其运动方式就如同桨可以推动船在水中移动。伪足，通常被称为"假脚"，属于细胞的延伸部分，是由细胞膜的拉伸形成的。阿米巴原虫（原生生物）利用伪足进行移动和获取猎物。巨噬细胞是人类免疫系统中起重要作用的白细胞，同样利用伪足来攻击和吞噬入侵的微生物。

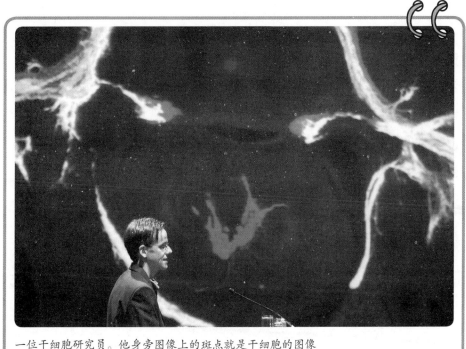

一位干细胞研究员。他身旁图像上的斑点就是干细胞的图像

▶ 什么是干细胞？

干细胞是未分化的细胞。也就是说,它们不具有特定功能,能够在一定条件下,生成为特定类型组织的细胞。干细胞存在于成人的骨髓和其他组织(如脂肪)中。但是,大多数研究主要集中于胚胎干细胞,胚胎干细胞在实验室环境中可无限分裂增殖,并且可经刺激生成各种不同的细胞类型。干细胞的潜在用途已成为一个令人兴奋的研究课题。

▶ 干细胞的潜在用途有哪些？

干细胞可以用来培养新的心脏,它可以进行移植而不用担心排斥作用。干细胞可用于修复诸如脊髓一类受损的结构的功能。干细胞可以作为细胞模型进行药物测试,从而提高寻找治疗药物的速度。

▶ 什么是细胞周期？

单个真核细胞的生命周期称为细胞周期。这个周期有两个主要阶段:细胞间期和有丝分裂期。当一个细胞不分裂时,即处于细胞间期。例如,一个成熟神经元传导冲动时是在间期。一些细胞几乎无限期地处在细胞间期。间期包括 G_1 期、S 期和 G_2 期,在此期间细胞大小、复杂程度和蛋白质含量都会增加。G_1 期

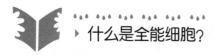

▸ 什么是全能细胞？

约在1953年,科学家们发现所有的细胞都含有相同的遗传结构,并具有转变成另一种类型的细胞的能力。鉴于这一发现,科学家们预测细胞具有全能性,其中F. C. 斯图尔德(F. C. Steward, 1904—1993)在植物细胞中证实了这一观点。20世纪50年代末,在康奈尔大学,斯图尔德证明小块胡萝卜组织可以去分化(恢复到一种特化的形式),然后成长成特化的植物细胞类型。

为DNA合成（DNA合成期称为S期）做准备，G₂期则为有丝分裂和蛋白质的合成做准备。有丝分裂时，细胞的分裂和更新阶段的周期性是可预测的。关于这方面的一个例子是上皮细胞，其大约每15天分裂一次。有丝分裂期（也称为M期），可能需要大量的准备时间。

▶ 什么样的信号控制着细胞的繁殖？

细胞繁殖是由外部和内部的信号控制的。外部信号包括可获得的营养物质和生长所需的空间。内部信号，如细胞周期中特定点蛋白水平的上升和下降，这是由检查点和反馈系统控制来维持的。细胞周期蛋白和细胞周期蛋白依赖性激酶是蛋白调节因子，能激活细胞周期和刺激蛋白质的合成。

▶ 影响细胞分裂的生长因子的例子有哪些？

为了使细胞生长，必须有特定的营养物质。有些细胞可能需要一种"信使"，也就是生长因子来刺激细胞生长。有几种类型的蛋白质被称为生长因子，它们也会影响细胞的其他活动，包括胚胎发育和对组织损伤的反应。

表3.1　生长因子家族的例子

生长因子	靶细胞
表皮生长因子	上皮细胞
转化生长因子	上皮细胞
血小板衍生生长因子	平滑肌
成纤维细胞生长因子	成纤维细胞（结缔组织细胞）
成纤维细胞成长因子	成纤维细胞（某些其他细胞类型）
白细胞介素-2	细胞毒性T淋巴细胞（源自胸腺）
集落刺激因子	巨噬细胞前体

▶ 有丝分裂有几个阶段？

有丝分裂包括DNA复制和细胞分裂成两个新的子细胞。虽然通常只列出

细胞能否一直处在S期而不分裂?

在一些细胞中,在有丝分裂期之前,S期(DNA合成期)可以发生多次,导致合成的DNA数量达到天文数字!例如,头发和腺细胞的DNA可能是DNA单倍体的16到4 000倍。动物中的纪录保持者是海兔的巨大神经元,其所含有的DNA至少是单倍体的75 000倍。

有丝分裂的四个阶段,但实际上整个过程包含六个阶段:

- 间期:大量的准备工作。
- 前期:染色体的缩合;核膜消失;纺锤体的形成;染色体附着在纺锤体上。
- 中期:染色体附着在纺锤体上,并沿着细胞的中线排列。
- 后期:着丝点分裂,染色单体分离。
- 末期:核膜围绕着新分离的染色体,重新整合。
- 胞质分裂:细胞质、细胞膜和细胞器的分裂。在植物中,一个新的细胞壁形成了。

▶ 所有的细胞都具有相同的分裂速度吗?

不是所有的细胞都以相同的速率分裂。需要频繁补充更新的细胞,如皮肤或肠细胞,可能完成一个细胞周期只需要12个小时。其他细胞,如肝细胞,进行分裂前会保持在静止状态(间期)长达一年。也存在终生处于非分裂状态的细胞,人的脑细胞就是其中一个例子。

▶ 有丝分裂过程中细胞器是如何分裂的?

在有丝分裂的末期,会发生子细胞的胞质分裂(只是物理分离)。虽然确切的机制尚不清楚,但是似乎有些较大的细胞器,如内质网和高尔基复合体,在有丝分裂期间会分裂成小的囊泡,然后在子细胞中重新组装。

▶ 植物细胞分裂和动物细胞分裂的主要区别是什么?

植物细胞和动物细胞分裂的主要区别在于纺锤体的组装。纺锤体组装的位置是中心体。在动物细胞中,一对中心粒在中心体的中心。相反,大多数植物缺乏中心粒,但它们确实有一个中心体。在动物细胞中,胞质分裂过程中形成卵裂沟,沟不断加深然后母细胞一分为二。在植物细胞中,细胞有细胞壁,没有卵裂沟,会在母细胞的中间产生细胞板,细胞板向细胞的四周发展直到与细胞质膜接触,然后将细胞一分为二。最后从细胞板处开始形成新的细胞壁。

▶ 什么是减数分裂?

减数分裂通常又称为对半分裂,这意味着染色体的数目从2N(二倍体)减少至N(单倍体)。减数分裂过程包括两次独立的细胞分裂,发生于性腺(卵巢和睾丸)。这对有性繁殖很重要,因为在这个过程中会发生遗传变异。

▶ 减数分裂过程中,细胞结构是如何分裂的?

减数分裂只是卵巢或睾丸产生配子的部分过程。精子的形成(生精),是细胞经过两次连续的减数分裂,最终成为成熟的精子细胞。这个过程形成四个单倍体精子细胞,并将发育为成熟的精子细胞。然后,精子重新被组合形成一个有专门用途的细胞,使卵子受精。成熟的精子包括有套染色体的细胞核,以及线粒体和用于推动精细胞前进的鞭毛。

对于人类来说,会发育为成熟卵子的细胞,在卵子产生(卵子的形成)之前已经存在于卵巢之中。未成熟的卵(卵原细胞)保持在"减数分裂Ⅰ"阶段,直到青春期才逐渐成熟。在"减数分裂Ⅱ"阶段,卵母细胞就可以被释放,但不会完成所有的减数分裂过程,直到受精发生后。在一个二倍体的卵母细胞分裂成四个单倍体子细胞的过程中,细胞质不均等地分给一个子细胞。最终的结果是形成一个大的成熟的卵子和两个或三个非常小的被称为"极体"的单倍体细胞。

▶ 如果线粒体有缺陷，细胞内会发生什么变化？

因为线粒体是细胞的能源生成器，所以，如果一个细胞的线粒体有缺陷，那么细胞的高代谢率也将受到影响。有许多有毒物质的代谢会影响线粒体特定方面的功能。其中包括氰化物、二硝基酚（早期减肥药的成分之一）、缬氨霉素和短杆菌肽。如果线粒体被破坏，那么它们会释放出可以改变DNA的自由基。

线粒体有自己的DNA，但也可能被基因突变而改变。线粒体基因突变被认为对退行性神经系统疾病有重要的影响，如帕金森病和阿尔茨海默病。

▶ 构成细胞膜的分子间有运动吗？

细胞膜主要成分是磷脂和蛋白质，这是两类生物有机分子。细胞膜内，磷脂可以横向移动。根据温度变化和脂肪酸的组成，磷脂通常的移动速度比蛋白质的快。蛋白质在脂质中慢慢漂移，很像海洋中的冰山。蛋白质可以改变形状（也称为构象）。例如，载体蛋白能够结合特定的分子，如葡萄糖，可用于分子的运输。一旦葡萄糖附着于载体蛋白上，该蛋白质就会改变形状并将葡萄糖运送到细胞内。

▶ 所有的细胞膜都一样吗？

虽然所有细胞膜一般具有相同的结构，但是不同物种的膜组成不同。根据细胞的功能不同，膜所含的蛋白质或膜受体类型不同。例如，植物可以在寒冷的环境下生存，如冬小麦，能够增加它们细胞膜的不饱和磷脂浓度，以防止膜在冬季发生固化。另一个例子是肌肉细胞，肌肉细胞质膜受体接收神经递质乙酰胆碱，从而得知细胞什么时候收缩。

▶ 所有的细胞都使用相同的能量来源吗？

大多数细胞利用葡萄糖作为它们的主要能量来源，但也可以通过分解脂肪和蛋白质来提供能量。脂类可以分解成单体、甘油和脂肪酸，然后进入细胞呼吸代谢途径。蛋白质也可以分解成氨基酸结构单元，然后进入糖酵解过程，这个过程也被称为克氏循环。

▶ 所有的细胞都需要氧气吗?

不是所有的细胞都需要氧气,有些细胞可以利用发酵代谢途径产生能量。厌氧生物体(非氧依赖性),比如酵母和细菌,能够在低水平的氧气环境中茁壮成长。然而,大多数生物体是需氧的(氧依赖性),因为产生高产量的三磷酸腺苷需要氧气,而三磷酸腺苷正是细胞的主要能量来源。在某些情况下,氧依赖性的细胞可以在短期内从发酵中获取能量。但是,这条捷径最终导致乳酸的积累,乳酸属于有毒废物,会导致产生的三磷酸腺苷越来越少。

▶ 为什么细胞会死亡?

细胞死亡的原因各种各样,其中许多都不是程序性的。例如,细胞可能饿死、窒息或死于创伤。受到某种伤害的细胞,如DNA改变或病毒感染,通常会发生程序性死亡。这个过程消除了具有潜在的致命性突变的细胞,限制了病毒的传播。细胞程序性死亡也是正常胚胎发育的一部分。青蛙通过细胞死亡可以导致某些组织的消失,使蝌蚪变成成年青蛙。

▶ 什么是细胞程序性死亡?

细胞程序性死亡,又称细胞凋亡,是细胞故意自我毁灭的一个过程。这一过程发生的一系列事件是由核基因控制的。首先,染色体DNA断裂成碎片,紧随其后是核的崩溃。然后细胞萎缩、分裂成囊泡,被巨噬细胞和邻近细胞所吞噬。

虽然乍一看细胞程序性死亡可能适得其反,但是它在维护生物的生命和健康方面扮演着一个重要的角色。在人类胚胎发育过程中,细胞凋亡过程消除了手指和脚趾之间的蹼,在免疫系统和神经系统的组织发育中也起着非常重要的作用。

▶ 为什么光对活的生物体如此重要?

几乎所有的生命都依赖于对光的利用,光为光合作用(合成能量的过程)提供能量。光以波的形式传播,它的能量包含在光子中。一个光子的能量与光的波长成反比——波长越长,每个光子所含的能量越少。阳光由光谱中不

▶ 光合作用最有效的光的颜色和波长？

光合作用最有效的波长是蓝光（430 nm）和红光（670 nm）。奇怪的是，绿色植物光合作用效果最差的是在绿色光线环境下。

同颜色的光组成。

▶ 什么是光合作用？

光合作用（photosynthesis，其中photo来源于希腊语单词photo，意思是"光"；synthesis则来源于希腊语单词syntithenai，意思是"总和"）是植物利用光能将二氧化碳和水转化为食物分子的过程。光合作用是一个多组分的双阶段过程。光反应或光敏反应构成光合作用的第一步。在光反应中，来自阳光的光能转化为化学能。氧气（O_2）是这一过程产生的废料。第二阶段是碳固定反应的过程，也被称为卡尔文循环。卡尔文循环是一系列组装糖分子的过程，原料是二氧化碳（CO_2）和光反应产生的含能产物。碳固定过程将二氧化碳（CO_2）转化为有机化合物。

▶ 叶绿体是怎么工作的？

叶绿体能够吸收太阳能进行光合作用，将二氧化碳转化为简单的碳水化合物。该过程包括一系列的反应，最终导致水分子发生化学裂解并将氧气释放到环境中。在光反应阶段，叶绿素分子从光中吸收能量，它们的电子被激发。这些被激发的电子将能量从一个叶绿素分子传递给另一个叶绿素分子，从而生产三磷酸腺苷和一种特殊的核酸类的载体，被称为还原型辅酶Ⅱ（NADPH）。这种分子携带电子进入下一阶段的光合作用——暗反应。暗反应利用NADPH和三磷酸腺苷储存的能量合成糖类。大气中二氧化碳转换成生物体内的碳原子的过程，称为碳固定。

▶ 光合作用为什么如此重要？

最终，光合作用为整个世界提供食物。每年有超过2 500亿吨的糖是通过光合作用合成的。光合作用不仅仅是植物的食物来源，而且是所有不能在体内合成自身所需食物的生物体的食物来源，包括人类。

▶ 哪些科学家的重大发现与光合作用理论有关？

古希腊人和古罗马人相信植物的食物来自土壤。最早做实验来检验这个假说的是比利时科学家扬·巴普蒂斯塔·冯·海尔蒙特（Jan Baptista van Helmont，1577—1644）。他将一棵柳树种植在一个放置土壤的容器中，并且只给它补充水分。5年以后，柳树的重量增加了74.4 kg，而土壤的重量只下降了57 g。海尔蒙特得出的结论是，植物吸收的养分全部来自水，而非土壤。约瑟夫·普利斯特里（Joseph Priestley，1733—1804）证明，空气是由植物"更新"的。1771年，普利斯特里做了一个实验，他将点燃的蜡烛放在一个玻璃容器中，并使它燃烧直到因缺氧而熄灭。然后他把植物放在同一个小室中，让它生长一个月。一个月后重复蜡烛实验，他发现蜡烛可以被点燃。普利斯特里的实验表明，植物释放氧气（O_2）和吸收燃烧产生的二氧化碳（CO_2）。荷兰医生加恩·英格豪斯（Jan Ingenhousz，1730—1799）证实了普利斯特里的观点，强调只要把绿色植物放在有阳光的地方，空气就可以"更新"。1905年，F. F. 布莱克曼（F. F. Blackman，1866—1947）首先证明了光合作用的两个阶段。布莱克曼发现光合作用中存在需光阶段和不需光阶段。1930年，C. B. 冯·尼尔（C. B. van Niel，1897—1985）第一个提出，光合作用产生的氧气来源于水而不是二氧化碳。1937年，罗伯特·希尔（Robert Hill，1899—1991）发现，只有当叶绿体处在有光照并有人工电子受体存在的情况下，才能在没有二氧化碳的时候产生氧气。

▶ 植物细胞是如何利用光生成糖类的？

植物细胞利用叶绿体将光能转化为化学能（糖）。这些叶绿体（可能起源于独立生存的细菌）通过光合作用，利用紫外线所含的能量，使电子跃迁到较高的能量状态。获得能量的电子被用于构建和重新排列许多各种不同的分子。其

▶ 谁第一个证明了氧气对生物的重要性？

安托万-洛朗·拉瓦锡（Antoine-Laurent Lavoisier, 1743—1794）描述了氧气对植物和动物呼吸的重要性。他表明，空气中的氧气燃烧尽后，生物将不能生存。

中一些最终成为葡萄糖，从而可以用来生成蔗糖，也称为食糖。

▶ 植物细胞真能产生氧气吗？

是的，植物细胞能通过光合作用产生氧气。水分子分解后，可以获得电子并释放氧气。把水生植物的一小部分浸入盛有水的烧杯中，即可看到生成的氧气泡。

▶ 植物细胞如何利用二氧化碳？

植物细胞利用叶绿素吸光产生的电子，将二氧化碳转化为糖。六个二氧化碳（CO_2）分子和六个水分子（H_2O），可以转化为一个单糖（$C_6H_{12}O_6$）。

▶ 叶绿素的两种形式——叶绿素a和叶绿素b，如何参与光合作用？

光合作用中，光是由生物体中的色素吸收的。叶绿素a是光合作用所需的主要色素，是所有生物体光合作用所需的，除了细菌的光合作用。辅助色素，如类胡萝卜素和叶绿素b能吸收叶绿素a不能吸收的光，这些色素扩展了可用于光合作用的可见光的范围。

▶ 人体真的需要胆固醇吗？

胆固醇是动物细胞膜的重要组成部分。胆固醇是脂质分子（类固醇），实际

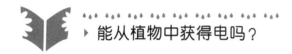

能从植物中获得电吗？

是的，可以从植物中获得电。"土豆钟"是由锌和铜电极刺穿两个土豆，并连接到数字信号上。当离子流穿过细胞膜产生电流时，小时钟就能够运行。

上有两个功能：1）帮助稳定细胞膜；2）维持温度变化时细胞膜的弹性。正常人体能产生所需的胆固醇。膳食摄入过多的饱和脂肪和胆固醇目前被认为是动脉中斑块积累的缘由，并可能导致心脏病和中风。食物中的胆固醇可以在所有动物来源中找到，包括贝类。植物甾醇与动物胆固醇具有相同功能，但它们不以同样的方式影响人体。

▶ 细胞能导电吗？

是的。所有活细胞都有细胞膜，细胞膜具有维持细胞内外原子浓度差异的能力。有些原子是带电荷的离子。这种能维持离子不平衡状态的能量称为细胞膜电位，类似于电池的电势。

细 胞 的 工 作

▶ 细胞之间是如何相互沟通的？

细胞通过由特定细胞产生并被靶细胞接收的小信号分子相互交流。这种通信系统可以是局部或远距离通信。信号分子可以是蛋白质、脂肪酸衍生物或气体。一氧化氮气体是其中一个例子，它是局部信号系统的一部分，可以发出信号使人的血压降低。激素是远距离信号分子，必须利用循环系统将它们从产生位点运送到靶细胞。植物细胞，因为有坚固的细胞壁，所以是通过细胞质桥（也叫作胞间连丝）实现细胞间的沟通。动物利用相邻细胞的间隙连接来运送物质。

▶ 细胞是如何识别彼此的？

细胞通过附着在细胞外基质上的分子来相互识别，细胞外基质充满细胞间的空间，使细胞和组织结合在一起。

表3.2　细胞间识别的类型

过　程	识　别　类　型
胚胎发育	通过细胞间的识别形成组织
组织配型	器官排斥反应，包括血型
免疫监督	识别外来物和已被入侵的细胞，包括肿瘤细胞
病毒感染	病毒通过细胞膜表面的标志识别特定的细胞（HIV病毒识别特定的CD4标志）
激　素	指向特定的细胞或组织
神经递质	刺激神经功能，特别是情绪紊乱（缺乏五羟色胺受体会引起抑郁）
肿　瘤	肿瘤细胞可以形成异常的细胞膜标记
受　精	基于卵子和精子细胞膜的特殊标记

▶ 细胞如何回应细胞信号？

为了响应信号，细胞需要一个受体分子来识别信号。细胞根据不同的信号可产生不同的特异的响应信号。一些信号是局部信号（如生长因子），而其他则是远距离信号（如激素）。激素有两种基本类型，一种与细胞表面受体结合，而另一种与细胞质内受体结合。这两种类型都能引起细胞机制的改变，从而改变细胞的活动。

▶ 细胞如何回应类固醇激素？

黄体酮、雌激素、睾酮和糖皮质激素都是类固醇激素，是脂质信号分子。进入靶细胞后，类固醇激素与受体蛋白结合，并开始引发一连串的活动，最终激活

（"开启"）或抑制（"关闭"）一组特定的基因。

▶ 细胞如何回应胰岛素？

蛋白质激素，如胰岛素与细胞表面受体结合，虽然不进入细胞，但会引起细胞代谢的变化。胰腺中特定细胞可以分泌胰岛素，这是一种能调节血液中葡萄糖浓度的激素。骨骼肌和肝脏都是胰岛素的靶标。缺乏胰岛素会导致1型糖尿病。相反，2型糖尿病，也称为成年发病型糖尿病，不是缺乏胰岛素的结果，而是胰岛素抵抗导致的。细胞胰岛素抵抗是指细胞对胰岛素水平的增加不发生响应，持续不断转运葡萄糖进入细胞。

▶ 细胞能在完全黑暗的条件下存活吗？

是的，细胞可以在完全黑暗中存活。生命起源的新理论认为，生命系统起源于由海底热泉形成的硫化铁岩石中完全黑暗的小空腔里。植物根系细胞生活在完全黑暗的环境，并能执行所有正常植物细胞的活动，但不包括光合作用。另外，如果你仔细想想就会发现，其实位于人体内部的细胞也是生活在一个非常黑暗的环境里！

▶ 植物细胞如何储存能量？

植物细胞将能量储存在复杂的碳水化合物中，如淀粉、二糖和脂质。这些能源可用于促进细胞的新陈代谢或为种子的萌发提供能量。

 ▸ 人类的一个红细胞中有多少个血红蛋白分子？

每个红细胞中大约有2.8亿个血红蛋白分子。因此，在任何时候，一个红细胞都可能携带多达20亿个氧原子！

▶ 什么是细胞荧光？

荧光是由色素分子引发的一种冷光。色素分子能吸收一些颜色的光，同时反射其他颜色的光。例如，绿色色素（类似于叶子）吸收红色和蓝色波长的光，同时反射绿色波长。实际上，一些色素分子被光子（光能单位）激发后，色素分子的电子会释放光能，使它们回到正常状态。叶绿素的这种能力在光合作用中发挥重要作用。在一些生物中也发现了有此功能的分子，如水母。萤火虫被称为"发光的虫子"，其身体中就含有一种荧光素酶，它能产生一种化学反应，导致电子的能量状态下降，这反应类似于叶绿素分子的反应，能使昆虫"发光"。

▶ 最普通的血细胞是什么？

红细胞，也称为红血球，是最普通的血细胞。1 ml的血液中含有大约50亿个红细胞。平均每个人血液中有25万亿红细胞！红细胞非常小，可能需要2 000个红细胞才能绕铅笔一圈。

▶ 红细胞如何运输氧气？

细胞利用氧气来获取储存在糖和脂肪等分子中的能量。红细胞利用一种叫作血红蛋白的蛋白质将氧气输送到身体的所有细胞中。血红蛋白实际上是由四条独立的蛋白链组成的，每一条围绕一个中心，是一种含铁的分子。血红蛋白组携带氧气分子，每个氧分子由两个结合在一起的氧原子组成。

 ▶ 当我停止运动时，肌肉会转化成脂肪吗？

当你停止运动时，肌肉开始萎缩，脂肪细胞开始扩张。这个过程使肌肉转换成脂肪。

▶ 人类和昆虫的红细胞功能相同吗？

昆虫没有像人类一样的血液；相应的，它们的身体含有一种被称为血淋巴的液体。它们的血红蛋白不集中在含有血淋巴的细胞中，而是漂浮在血淋巴上。昆虫的血红蛋白也能携带氧气，但是它比哺乳动物（比如人类）中的血红蛋白小。乌贼、章鱼和甲壳类动物的血浆中也含有载氧分子，但它们的身体使用铜基分子携带氧气，这种分子被称为血蓝蛋白。

▶ 镰状细胞性贫血症是如何影响红细胞功能的？

镰状细胞性贫血症的基因缺陷是由组成血红蛋白分子的一条多肽链上的一个突变引起的。镰状细胞性贫血症中，这一异常分子使红细胞的形状发生改变。该疾病中红细胞典型的形态通常是由圆形变为镰刀形。镰状细胞性贫血症的异常血红细胞会变得坚硬以及更容易聚集。因为它们有聚积的倾向，所以它们更容易粘在血管壁上，甚至可以堵塞血管。正因为如此，患者血液中的血红蛋白分子无法携带氧气以供细胞需求。

▶ 谁发现了肌肉是如何工作的？

休·赫胥黎（Hugh Huxley, 1924—2013）和安德鲁·赫胥黎（Andrew Huxley, 1917—2012）研究了肌肉收缩相关理论。休·赫胥黎最初是一位核物理学家，他在第二次世界大战结束后进入生物学领域。他利用X射线衍射和电子显微镜研究肌肉收缩。安德鲁·赫胥黎是一位肌肉生物化学家，他获得了与休相似的数据。这些数据表明，被认为存在于肌肉中的收缩性蛋白，在肌肉收缩时并没有收缩，而是通过彼此间的滑行以缩短肌肉。这一理论被称为肌肉收缩机制的肌丝滑行理论。

▶ 肌肉细胞如何工作？

肌肉细胞——不管是手臂或腿部的骨骼肌，消化道和其他器官的平滑肌，或者是心脏的心肌细胞——都以收缩方式来运动。骨骼肌细胞由成千上万个被称为肌节的收缩单位组成。肌动蛋白（细纤维）和肌球蛋白（粗纤维）是肌节的主要组件。这些单元通过空间移动使结构更加紧密。骨骼肌的肌节通过彼此之间空间的移动来拉动身体的各个部位（如步行或摆动你的手臂）。

你可以这样来观察肌节的工作方式：

- 双手手指交叉，两手的掌心朝向自己（代表肌动蛋白、肌球蛋白）。
- 推动手指交叉在一起，以至于从一个拇指到另一个拇指的总长度减少（肌节长度减少）。
- 随着手指的移动，任何附加到任一拇指上的物体，将和手指一起经历空间的变化（肌丝滑行理论）。

▶ 肌肉细胞的能量来源是什么？

肌肉细胞利用各种不同的能源作为收缩的动力。为了快速补充能量，细胞利用自身存储的三磷腺苷（ATP）和磷酸肌酸，磷酸肌酸是另一种含磷酸盐的化合物。这些存储分子的能量通常在活动的前20秒内就会被耗尽。然后细胞转向使用其他能量来源，尤其是糖原——一种碳水化合物，穿在一起形成长支链，由葡萄糖分子组成。

▶ 所有肌肉细胞都具有相同的工作方式吗？

尽管所有的肌肉都是以收缩方式运动，但不是所有类型的肌肉都有肌节，即肌肉收缩的单位。心肌细胞有肌节，但在收缩时使用与骨骼肌不同的支撑结构。平滑肌细胞则根本不使用肌节。

举重将引发肌肉尺寸的增长，但却没有在实际上增加肌细胞的数量

▶ 一块非常小的大脑组织存在多少连接?

一块直径3 mm薄的脑组织,可能有10亿个相互连接的神经元。

▶ 肌肉细胞如何利用钙?

钙离子存储在肌肉细胞内。当肌肉细胞接收到引起收缩的信号时,就会释放钙离子,引发肌肉内收缩蛋白的运动。当钙浓度下降时,肌肉收缩停止。

▶ 肌肉细胞是如何对运动做出回应的,比如举重?

举重会让肌肉生长,肌肉细胞增大,但实际上身体中的肌肉细胞数目不会增多。举重会使身体增加粗的(肌球蛋白)和细的(肌动蛋白)蛋白质,帮助肌肉收缩。这个过程使肌肉不仅更大,而且更强。一些肌肉增强的速度比其他的更快。一般来说,大的肌肉,比如胸部和背部的肌肉,增长速度比小的肌肉快,比如手臂和肩膀的肌肉。大多数人经过十周的训练,每个肌肉群每周至少训练两次,那么他们的力量可增加7%～40%。

▶ 所有脑细胞的工作方式一样吗?

神经系统中有两种基本类型的细胞:携带信息的神经元,起供给、保护作用的支持细胞。由大脑和脊髓组成的中枢神经系统中,神经胶质细胞是支持细胞。这些细胞执行各种功能以维护大脑神经元的健康。据估计,在神经系统中,神经胶质细胞实际约占细胞总量的90%。

▶ 神经元如何传递信息?

想象一长串的多米诺骨牌从你的手指延伸到背部的脊髓。当你触摸一个热的物体,这个动作在神经元中产生的信息就如同你打翻了一排多米诺骨牌中的第一个。第一块多米诺骨牌倒了后,它后面的多米诺骨牌接下来将会依次被撞

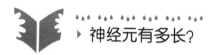
神经元有多长？

> 沿着脊髓的神经元是人体中最长的细胞，长达 1 m。

倒。这个过程类似于神经元之间会发生的过程，信息从指尖一路传到脊髓。神经元维持恒定的钠离子（Na^+）和钾离子（K^+）浓度。细胞膜通道打开后允许这些离子通过。随着钠和钾离子通道的开启和关闭，神经细胞的电荷发生变化并且信息沿神经元膜传输。

脑细胞是如何储存记忆的？

大脑中负责处理记忆的部分是海马体。一般认为记忆的形成在单个神经细胞这一级上发生。相邻神经细胞的联系点是突触，并且通过这个连接点建立记忆系统的模块。信号通过突触传递——细胞利用细胞内的第二信使（被称为环腺苷酸，cAMP）携带信号，然后激活其他细胞的运转。最终的结果是打开一个调节记忆的基因。该基因的产物——某种蛋白质能促进突触的生长，并可以将短期记忆转化为长期记忆。

阿尔茨海默病患者的脑细胞功能有何不同？

阿尔茨海默病患者的大脑中会形成有毒蛋白（斑块），从而改变与记忆和学习相关的一些基因。产生这种效应的蛋白是一种小肽——β-淀粉样蛋白。人体终生都会产生这种蛋白质，但在阿尔茨海默病患者中，这种蛋白要么合成太多要么分解太少。斑块的累积会导致神经元的死亡，最终导致痴呆。研究人员在小鼠中利用转基因技术使它们脑中积累 β-淀粉样蛋白。这些小鼠中出现的神经问题与人类的阿尔茨海默病患者一致。小鼠的实验结果表明，该蛋白的存在，会使至少6条基因的功能被抑制。

神经元传递信息的速度有多快?

神经元传递信息的速度可达 350 km/h,即每秒500个脉冲。

▶ 细胞能更换"职能"吗?

在一个组织中,一个细胞一般执行专门的功能,因此不太可能转换职能。但是,也有一些细胞没有特定的功能,并能适应身体的需求不断变换"角色"。在哺乳动物中,细胞可以改变"职能"的一个很好例子是骨髓细胞,它们主要负责产生血液中不同类型的细胞。骨髓细胞产生红细胞和五种类型的白细胞。原生生物黏菌具有能够彻底改变细胞功能的能力。黏菌细胞的适应性允许它们从单细胞阿米巴原虫转变为多细胞,从而能生殖孢子。

细 胞 特 化

▶ 细胞有特定形状吗?

虽然动物细胞似乎没有特定的形状,但是它们都有一个细胞骨架。细胞骨架能支撑和维持复杂的形状,例如神经元的星形或红细胞的双凹形。上皮细胞和结缔组织也具有非常特别的形状——柱状上皮细胞结构类似于一堵砖墙。由于植物细胞具有坚固的细胞壁,导致细胞弹性较小,所以植物细胞通常会有一个特定的形状。

▶ 细胞如何形成组织?

组织通常由具有相同目的或功能的不同类型的细胞组成。多细胞生物非常复杂,需要执行重要功能(比如动物细胞的支撑、运输和移动)的各种组织。动物体内,形成组织的细胞群可能通过它们的骨架和膜结构形成结构关联。比如,上皮细胞利用基底膜固定在结缔组织底部。这些细胞经常受到机械应力,当这些细胞被拉伸的时候,上皮细胞之间会形成一个交联系统帮助它们应对。

▶ 细胞对损伤是如何进行反馈的?

在大多数组织中,受伤的细胞会死亡,随后会被替换。但是,在神经组织中,死细胞无法替换,因此可能会发生许多问题。神经生长因子是由相邻神经元产生;损伤会诱导以前休眠的神经元复苏并生长。

▶ 皮肤细胞如何合成维生素D?

维生素D对正常的骨骼生长和发育至关重要。当紫外线照射在皮肤细胞的一种脂质上时,这种化合物会转化为维生素D。地球赤道和低纬度地区人们的皮肤颜色较深,可以抵御强烈的、持续的紫外线辐射。大多数生活在较高纬度地区的人们因为紫外线辐射较弱,并且持续时间不长,因此肤色比较淡,使他们能够最大化合成所需的维生素D。冬天日照比较短的时候,高纬度地区的人们,仅限于暴露在阳光底下的小部分皮肤能进行维生素D的合成。

低纬度地区的人们,利用增加的黑色素沉淀,减少了维生素D的合成。低纬度地区维生素D缺乏症的易感人数逐渐增加的原因是,这些地区人们的传统服装几乎能够遮盖全身,从而避免皮肤过度暴露于紫外线中。大多数服装能有效吸收紫外线中的B射线产生的辐射。非洲裔美国人皮肤合成维生素D所需的紫外线剂量比欧洲裔美国人高六倍。较深的色素沉着或遮盖物的存在可能会大大减少阳光合成维生素D的量,即便是在澳大利亚这样阳光充足的地区。

▶ 为什么生物体在合成有毒物质的时候自身不会死亡?

生物体产生毒素,这是一种防御机制。因此,大多数生物体对它们自身产生的毒素有免疫机制,对同一物种的其他成员的毒素也同样免疫。细胞将合成的毒素包裹在囊状膜泡中。生物体利用胞吐过程,将囊泡内的物质分泌到唾液腺、皮肤表面或毒牙中。然后毒素注入其他生物体，或被其他生物体摄取、吸收，通常这些其他生物体就是捕食者。

　　每种毒素拥有一种特定的效果。例如，蛇毒中著名的金环蛇毒素能够使肌肉中的乙酰胆碱受体失活。因为它分泌在体外，所以产生毒素的蛇不太可能受蛇毒的影响。

表3.3　毒素分子以及作用

毒素类型	生理作用	毒素类型	生理作用
神经毒素	破坏神经系统	细胞毒素	破坏细胞膜
肌肉毒素	损伤肌肉	心脏毒素	损伤心脏
肾毒素	肾功能损伤	溶血毒素	破坏循环系统

▶ 药物是如何被细胞解毒的？

　　药物解毒是由肝细胞的光面内质网完成的。解毒通常涉及改变毒素的分子结构，分子的饰变可以增加毒素的溶解度，使它能够安全地被血液带走并通过尿液排出体外。当药物水平增加时，细胞能够提高它们的解毒效率。研究发现，当大鼠被注射了苯巴比妥镇静剂后，其肝细胞的光面内质网的数量显著增加。

▶ 哺乳动物中最特殊的细胞是什么？

　　这取决于你选择的标准，在哺乳动物体内有几种类型的细胞可以被认为是最特殊的细胞。最特殊的两种细胞应该是：1）产生配子（精子和卵子）的细胞；2）血液中携带氧气和二氧化碳的红细胞。红细胞可能是最专业化的细胞，

▶ 人类曾经长角吗？

　　是的，历史上有人类长角的记录。角实际上是皮肤表面形成的一种突起物，由致密的角蛋白组成。

它们的寿命大约只有120天，但是在这段时间里它们可能旅行超过800千米，穿梭于各种器官和血管中！红细胞没有核，所以它们不能繁殖，新的红细胞是在骨髓中形成的。

▶ 某些细胞（例如在指甲和角中发现的细胞）是如何改变形状并变硬的？

身体表面的所有细胞（除眼部的细胞）都含有一种被称为"角蛋白"的纤维状蛋白质分子，它尤其适合于承受磨损。某些细胞，比如指甲和头发，增加了大量的角蛋白，从而提供额外的牢度，帮助它们维持自己的形状。不管是你家猫脚上的爪子，你最喜欢的牛头上的角，或是覆盖你全身的500万根毛发，角蛋白均能每天加强生物体的牢度，保护生物体减少日常磨损。

▶ 胃细胞如何在胃酸中存活？

你胃里的细胞可以产生碱性黏液。碱性黏液具有高pH值，从而能中和胃中的酸，胃中酸的pH值为2.0。正因为如此，细胞得到胃中消化酶的保护。如果胃酸渗透到保护黏液层下面的组织，则可能导致溃疡。

▶ 是什么阻止尿液漏出膀胱进入体内？

形成膀胱的细胞紧密连接在一起，细胞间的紧密连接把它们粘在一起，使得尿液不能渗出到身体的其他部位。这些连接是由蛋白质链绑定在细胞膜上形成的，食物在消化道中消化的过程，这些连接也起到了重要的作用。

▶ 皮肤细胞如何保护你的血液不渗出？

皮肤由多层细胞组成。最外层是由充满角蛋白的死细胞组成。皮脂腺通过分泌油脂，覆盖这些死细胞，使其耐水。但是，它们不防水，每天0.568升液体从深层组织渗出到皮肤表面并被蒸发掉。这种排泄不包括由过热或剧烈活动产生的汗水。一种很强的细胞连接方式——细胞桥粒，能防止大量的流体通过皮肤这一屏障渗出。这种连接方式非常有效，使得皮肤上的表皮细胞倾向于成片脱落而不是单个脱落。

▶ 精子是如何工作的？

精原细胞通过减数分裂的过程成为精子。一个成熟的精子所含的DNA只有正常功能细胞的一半，所以无法单独生存。但是，它们有鞭毛和线粒体，从而使它们有动力能够游到生殖道中寻找卵子。人类精子如果没有与卵子完成受精的话，它们通常会在48小时内死亡。

▶ 在体内，未受精的卵子能和一般细胞一样发挥作用吗？

人类卵子大小约是精子的2 000倍，卵子具有活细胞的所有细胞器和蛋白质，但只有一半必需的DNA。正因为如此，卵子不能被视为一个功能细胞。在受精之前，卵子是由卵泡细胞的支持结构维护并将营养物质运输给卵子的。但是，在孤雌生殖过程中，未受精的卵子可以发育。这种繁殖类型发生在轮虫、蚜虫和鞭尾蜥蜴中。

▶ 细菌如何在我们肠道中生存？

由于肠道环境的中性pH，所以肠道菌群能生存在小肠和大肠中。因为这些细菌对氧和光照的要求比较低，所以它们能在这种环境下生活。它们利用我们消化的食物作为营养来源，甚至能合成我们所必需的维生素（维生素H以及维生素K和维生素B_5）。如果肠道菌群比较活跃，致病微生物就很难在肠道中生存繁殖并攻击我们的身体。

▶ 如果一个细胞的DNA发生突变，那会发生什么？

DNA含有构建一个细胞所需要的全部代码。如果DNA代码发生更改或变异，细胞会以不同的方式构建起来。突变可以改变细胞合成物质的途径，如蛋白质和碳水化合物；也可以改变细胞构建细胞器或对信息响应的方式。这些改变能增强细胞的生存能力,但也有可能因急剧变化而导致细胞效率降低甚至死亡。

▶ 什么是恶性肿瘤细胞?

癌细胞迅速繁殖并扩展到初始的组织或器官以外,则被描述为恶性肿瘤。恶性肿瘤难以根除,因为它们可能寄生在离初始病灶很远的器官中。例如,起源于肺的癌细胞可以通过循环系统迅速扩散到大脑和其他器官中。

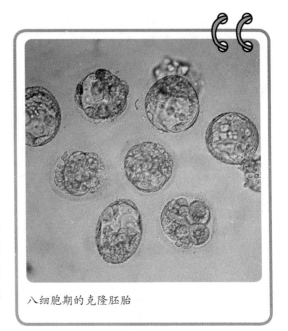

八细胞期的克隆胚胎

应　　用

▶ 细胞克隆是如何用于科学研究中的?

细胞克隆是精确复制一个细胞的过程。这种过程被称为有丝分裂,是多细胞生物的生长和修复所必需的。体内不同类型的细胞具有不同的有丝分裂能力。一些细胞,如皮肤细胞,经常会被克隆。另一些细胞,如神经系统的细胞,当它们已经成熟和分化后就不会再复制。

克隆的科学目的是生产特定细胞类型的多个副本,从而可用于各种目的,如基础研究或替代器官的生长。

▶ 除了胚胎细胞,人类干细胞的来源有哪些?

许多类型的细胞已被发现可作为干细胞的来源,详见下表。

表3.4　可作为干细胞来源的细胞类型

细 胞 来 源	可 能 的 用 途
大　脑	神经退行性疾病；脊椎损伤
毛发和皮肤	烧伤治疗
乳房（来自美容手术）	乳房导管的再生
脂肪组织（抽脂术残留物）	软骨、骨骼、脂肪
骨　髓	大多数组织；胚胎愈合能力
胰　腺	糖尿病治疗
心　脏	心肌梗死后的愈合
乳牙（有相关组织的）	用途类似于骨髓

▶ 细胞可以作为一种工厂来使用吗？

人类使用细胞作为一种工厂已有上千年的历史。奶酪、酸奶、啤酒和葡萄酒的生产都是依赖于单个细胞能产生特定产品的能力，如乳酸和乙醇。最近，科学家已经能够控制细胞的基因，使细胞能产生与它们正常功能无关的物质。其中的例子有，利用生物工程技术，使细胞能生产人类胰岛素用于糖尿病的治疗；Ⅷ因子（人类自然生成的凝血因子）用于治疗血友病患者。

▶ 细胞是怎么癌变的？

癌症是由细胞的无限制生长引起的。不遵循正常细胞循环规则的细胞最终可能发生癌变。这意味着这种细胞通常在正常情况下更频繁地增殖，从而会形成肿瘤。癌变一般发生在一段较长时间内，开始是分子层面上的变化。世界上有超过一百种不同类型的癌症，它们中的每种类型都有一个特定的表现方式，相对应的治疗方式也有所不同。

▶ 癌细胞来自哪里？

当细胞的增殖速率超过死亡速率时，组织会不断增大直至形成肿瘤。在组织中，虽然这些细胞最初是与其他细胞完全相同的，但是它们逐渐呈现出恶性肿瘤的特征。癌细胞增殖迅速，往往异常大或小。恶性肿瘤生长非常迅速并侵入其他组织。癌症类型是按照肿瘤产生的位置和涉及的器官命名的。遗传、病毒，甚至暴露于某种环境（如香烟烟雾）中，都可能导致肿瘤的形成。但是，并非所有的肿瘤都是恶性肿瘤。生长在一个界线分明的囊中的肿瘤是良性的，不会危及生命。

▶ 癌症会传染吗？

有些癌症有传染性，有些没有。癌细胞起源于体内。但是，某些类型的癌症可能是由病毒引起的，病毒可能从一个生物体转移到另一个生物体。目前，据估计，病毒可能在全球多达15%的人类癌症中扮演着重要角色。

表3.5　病毒和人类癌症

病　毒　家　族	人　类　肿　瘤
乙型肝炎	肝　癌
E-B病毒	鼻咽癌；伯基特淋巴瘤
疱　疹	卡波西肉瘤
人乳头状瘤病毒	宫颈癌
人类免疫缺陷病毒（HIV）	卡波西肉瘤；宫颈癌；非霍奇金淋巴瘤
猿猴病毒40（SV40）	间皮瘤

▶ 癌细胞如何养活自己？

在20世纪60年代，朱达·福克曼（Judah Folkman）博士（1933—2008）认识到恶性肿瘤没有营养就不能生长，它们所需的营养是由血液提供的。肿瘤的快速增长实际上会导致新血管的形成，该过程被称为"血管生成"。福克曼的假设是，通过识别导致血管生成的物质，可以制造药物来防止新血管的形成，从而饿死肿瘤细胞。这项工作已经至少发现两种物质能抑制血管生成：内皮抑制素和血管抑制素。这些药物有望成为对抗恶性肿瘤的新疗法。

▶ 最古老、活着的、被培养的人类细胞是什么？

最古老、活着的、被培养的人类细胞是海拉（HeLa）细胞系。所有的海拉细胞都来自海莉耶塔·拉克斯（Henrietta Lacks），一位来自马里兰州巴尔的摩的 31 岁妇女，她在 1951 年死于宫颈癌。从这个细胞培养中，科学家发现 80%～90% 的宫颈癌含有人类乳头状瘤病毒 DNA。

▶ 基因如何控制癌细胞？

在正常细胞中，有两种类型的基因在决定能否形成癌组织方面具有重要作用。这些基因控制影响细胞周期的蛋白质合成。原癌基因是能促进正常细胞分裂的 DNA 序列。一旦发生突变，这种基因可能就会转化成致癌基因，促进细胞的过度增殖。另一类基因，被称为抑癌基因，可以防止细胞的过度增殖。这种基因的突变也可能导致细胞癌变。

▶ 针对癌细胞的特征，抗癌治疗主要采取哪些方式？

抗癌药物试图减缓或停止癌变组织中不断进行的细胞分裂。治疗方案包括辐射、热暴露、冷冻、手术以及药物治疗。

▶ 为什么不同类型的癌症，会以不同的方式回应同种抗癌药物呢？

大多数抗癌药物针对的是恶性细胞的过度增殖。不同类型的癌症起源于不同类型的组织。因为每个组织是由具有特定功能的细胞构成，所以不同类型的癌症对相同的药物会有不同的反应也就不足为奇了。例如，一个药物的目标是控制肝细胞的过度增殖（适于过滤和监控血液供应），但这可能对专门传送信息的神经细胞影响甚微。

▶ 人体细胞可在体外生长吗？

人类细胞可以在体外（vitro，拉丁语，意思是"体外"）培养，前提是供给细胞氧气和适当的营养。但是，这些细胞通常在有限次数的细胞分裂（约50次）之后开始死亡。

▶ 我们可以制造人工细胞吗？

美国国家航空航天局（NASA）正在研究将人工细胞作为药物送到外太空的方法，这些细胞能够耐受脱水，因此可以安全地长时间存储。人造细胞是由像细胞膜一样起作用的聚合物制成的，但比这种聚合物真正的细胞膜更强韧、更易于管理。这些聚合物被称为聚合物囊泡，并可以与其他聚合物交联。研究人员认为，许多不同种类的分子可以被封装进这些多聚体里面，然后输送到特定的靶器官。人造血细胞就是一个例子，它不仅能运输氧气，而且能将药物运往全身。

▶ 氰化物如何影响细胞？

氰化物通过抑制细胞利用氧气所需的酶来发挥作用。如果没有这些酶，细胞就不能产生ATP且会死亡。人们可能意外接触到氰化物。自然界中一些食物和植物含有极少量的氰化物。例如，香烟和塑料燃烧时产生的烟雾中存在氰化物。氰化物也存在于造纸和纺织、清洁金属、从矿石中提炼黄金的过程，以及用于冲洗照片的化学物质中。船舶和建筑物中使用的杀虫剂也可能含有氰化物。

▶ 什么是 β 受体阻滞剂？它们如何影响细胞的功能？

为了理解 β 受体阻滞剂是如何工作的，我们首先必须知道大多数药物是通过与细胞膜受体结合来发挥作用的。药物被称为受体激动剂，通过激活细胞受体，引起细胞功能的增强或减弱。β 受体阻滞剂是一类被称为拮抗剂的药物，因为它们阻止受体激动剂与细胞受体结合。普萘洛尔作为 β 受体阻滞剂的一个例子，用来治疗高血压和心绞痛。普萘洛尔的作用是保护心脏免受突然激增的应激激素的刺激，如肾上腺素。

▶ 他汀类药物是如何影响细胞功能的？

他汀类药物是一组降低胆固醇，特别是"坏"胆固醇，即低密度脂蛋白（LDL）水平的药物。药物通过两条途径发挥作用：1）它们阻断一种胆固醇合成所需的酶。2）它们增加肝脏中低密度脂蛋白膜受体。胆固醇与特定的受体结合才能进入细胞，并从血液中除去LDL。他汀类药物能够创造额外的受体，帮助降低胆固醇水平。随着人们越来越意识到高胆固醇是造成心脏病的一个主要危险因素，他汀类药物变得越来越受欢迎。

▶ 一氧化碳如何影响细胞功能？

一氧化碳是一种剧毒气体。由于一氧化碳分子与氧分子相似，血红蛋白可以与一氧化碳而不是氧气结合，从而就会破坏血红蛋白作为氧载体的效率。实际上血红蛋白与一氧化碳的亲和力，比与氧气的大得多（大约是与氧气的300倍）。当一氧化碳取代氧气时，将导致细胞呼吸停止，因而死亡。一氧化碳中毒极其危险的原因在于，当一个人暴露于高浓度的这种毒素中，即使被运送到一个富含氧气且无毒的环境中也不能被救活。由于血红蛋白仍然被阻断，首先必须进行加压让人吸入纯氧，使血红蛋白回复原来的功能状态，然后人体才能恢复正常的细胞呼吸。

▶ 酒精如何影响细胞功能？

酒精对不同细胞会产生不同的影响。一般来说，酒精会增加组织对损伤的敏感性并减缓损伤后的恢复。酒精会通过破坏细胞膜上的钙通道来刺激脑细胞。有人认为酒精会影响细胞膜中磷脂的流动性。酒精同样会引起线粒体损伤，抑制血小板功能，减少肝脏中蛋白质的合成和运输，以及引起胰脏酶的活化，这种酶可能会逐渐损伤肺内膜。

▶ 减肥药物如何影响细胞代谢？

减肥药的目标是大脑中控制食物摄入和产生神经递质的区域。那些试图控制食物摄入量的肾上腺素类药物的主要作用在于促进新陈代谢,提高热量燃烧的效率。第二种类型的药物靶点是大脑中的化学物质5-羟色胺(血清素)。5-羟色胺与食欲,尤其是对碳水化合物的摄入相关。提高5-羟色胺的水平会使人减少对碳水化合物的渴望。例如,减肥药右芬氟拉明(Dexfenfluramine)会抑制大脑中5-羟色胺的清除。但是,减肥药存在副作用,并且没有足够的数据来证明其长期使用的安全性和有效性。

▶ 有可能永久消除脂肪细胞吗?

目前的证据表明,身体任何部位脂肪细胞的原始数量是由一个人的基因决定的。人们想通过饮食和锻炼来减少脂肪的量,但这并不能减少脂肪细胞的数量,事实上脂肪细胞只是萎缩了。虽然脂肪细胞可以通过抽脂术除去,但研究结果表明,吸脂不能有效地控制体重。手术切除脂肪细胞只能去除体内约10%或更少的脂肪细胞。

▶ 咖啡因如何影响细胞?

咖啡因可能是世界范围内人类摄入最普遍的药物。咖啡因通过刺激细胞的脂质代谢和阻碍糖原作为能源的使用,来对细胞施加影响。作为一个整体,身体对咖啡因的反应是增加耐受性,也可让人在长时间内保持清醒或进行额外的活动。过量摄入咖啡因的副作用包括肠胃不适、头痛、易怒和腹泻。

 ▶ 咖啡因会影响运动员的表现吗?

大学、国家和国际级别的体育比赛中,在比赛开始前的两小时内,咖啡因的摄入量不得超过五到六杯咖啡所含的咖啡因。

表3.6　咖啡因的来源和平均剂量

来　　源	平均剂量（mg）
酿造咖啡（355 ml）	300
无咖啡因咖啡（355 ml）	7
茶（355 ml）	100
冰茶（355 ml）	70
不含酒精的饮料（355 ml）	30～46
黑巧克力（29.6 ml）	20
牛奶巧克力（29.6 ml）	6
感冒药	0～30
止痛药	0（阿司匹林）～130（埃克塞德林）
减肥药	200～280

四 细菌、病毒及原生生物

简介及历史背景

▶ 历史上生物分类是怎么变化的？

从亚里士多德（Aristotle，公元前384—前322）到卡尔·林奈（Carolus Linnaeus，1707—1778），科学家们提出了最早的生物分类系统，即分成两界——植物和动物界。在十九世纪，恩斯特·海克尔（Ernst Haeckel，1834—1919）提出建立第三个界——原生生物界，因为这些简单生物似乎不属于植物界也不属于动物界。1969年，R. H.魏泰克（R. H. Whitaker，1920—1980）提出一个基于五个不同界的分类系统。魏泰克提出的分类系统包括原核生物界（最初称为无核原虫类）、原生生物界、真菌界（用于非光合异养生物和单细胞酵母的多细胞形式中）、植物界和动物界。这个分类系统现在仍然被广泛接受。但是，1977年，卡尔·伍斯（Carl Woese，1928—2012）提出六个不同界的分类系统。他提出的六界分类分别是古细菌界、真细菌（细菌）界、原生生物界、真菌界、植物界和动物界。1981年，伍斯提出一个基于三个域（分类水平高于界）的分类系统：细菌域、古细菌域和真核生物域。真核生物域被细分为四个界：原生生物界、真菌界、植物界和动物界。

▶ ## 每一个生物界的主要特征是什么？

表4.1　不同生物界的主要特征

生物界	细胞类型	特　征
原核生物界（细菌界和古细菌界）	原核细胞	没有界限分明的细胞核，没有其他膜质细胞器的单细胞
原生生物界	真核细胞	主要是单细胞或简单的多细胞，有些含有叶绿体。包括原生动物、藻类和黏菌类
真菌界	真核细胞	单细胞或者多细胞酵母，不能进行光合作用
植物界	真核细胞	含有叶绿体的多细胞生物，能进行光合作用
动物界	真核细胞	多细胞生物，大部分具有复杂的器官系统

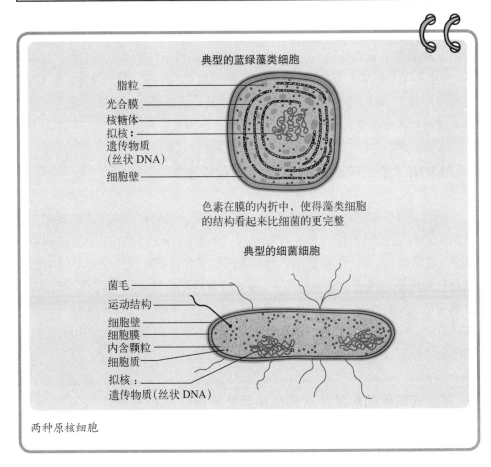

典型的蓝绿藻类细胞

脂粒
光合膜
核糖体
拟核
遗传物质
（丝状 DNA）
细胞壁

色素在膜的内折中，使得藻类细胞
的结构看起来比细菌的更完整

典型的细菌细胞

菌毛
运动结构
细胞壁
细胞膜
内含颗粒
细胞质
拟核
遗传物质（丝状 DNA）

两种原核细胞

▶ **生物学家已经发现了多少种不同的生物体？**

　　大约有150万个不同的物种已经被描述和正式命名，其中包括微生物、植物和动物。一些生物学家认为，这只是现存物种中的一小部分，估计有超过1 000万物种还未被发现、分类和命名。据估计，15%的物种都是海洋生物。大多数科学家认为，已发现的细菌、真菌、线虫和螨虫类物种仅占这些物种现存种类的5%。

细　　菌

▶ **细菌是如何分类的？**

　　早期的细菌分类是基于生物体展示的结构和形态特征进行的，基于诸如形状、大小和某些因素（荚膜、光合作用能力、鞭毛、内生孢子等）等特征的有无。其他方法基于染料鉴别，如革兰氏染色剂。最近，基因和分子特征已被用来显示真正的进化亲缘关系。

▶ **谁发明了革兰氏染色剂，为什么它很重要？**

　　染色是科学家利用染料使微生物的某一特定的结构被凸显出来的过程。革兰氏染色剂是1884年由汉斯·克里斯汀·革兰（Hans Christian Gram, 1853—1938）发明的，他是一位在德国柏林某家医院工作的丹麦医生。革兰氏染色法是最早被用于识别细菌的方法之一，用此法可将细菌分成两大类群：革兰氏阳性菌和革兰氏阴性菌。当革兰氏染色法与其他关于细胞形态学和生化特征信息相结合时，一般可以最终确认未知类型的细菌。革兰氏染色剂是应用最广泛的微生物染色剂。

▶ **革兰氏阴性菌和革兰氏阳性菌最重要的结构差异是什么？**

　　革兰氏阴性菌是由双层膜（细胞质膜和外膜）包裹着的，两层膜之间存在一层薄的肽聚糖层与外膜相连。对比之下，革兰氏阳性菌有一层厚厚的肽聚糖。革兰氏阳性菌的细胞壁厚度是革兰氏阴性菌的2～8倍。革兰氏阴性菌薄的细胞壁影响其保留革兰氏染色剂中的碘晶体复合物的能力。

▶ 哪些标准被用来作为细菌分类的经典方法？

根据以下的特征可将细菌分组为属和种：1）结构和形态特征，包括形状、大小、排列、荚膜、鞭毛、内生孢子和革兰氏染色。2）生化和生理特征，如最佳生长温度和pH的范围、是否需要氧气、所需生长因子、呼吸和发酵的最终产物、抗生素敏感性和作为能量来源的碳水化合物类型。

▶ 《伯杰氏细菌分类学手册》是一本什么书？

《伯杰氏细菌分类学手册》是一本广泛用于细菌分类的参考手册。在美国细菌学家协会（1899年成立，现在称为美国微生物学协会）的赞助下，第一版于1923年出版。这本手册首先是由戴维·H. 伯杰（David H. Bergey, 1860—1937）构思，并在美国细菌学家协会主席弗朗西斯·C. 哈里森（Francis C. Harrison）的帮助下完成。2001年，该手册出版了四卷本的最新版本，并命名为《伯杰氏细菌分类学手册》。

▶ 古细菌类是什么？

古细菌类（古细菌域）是原始的细菌，通常生活在极端环境中。这一域包括：1）嗜热微生物（"热爱好者"），它生活在非常热的环境中，包括黄石国家公园的热硫黄泉，温度在60℃～80℃。2）嗜盐微生物（"盐爱好者"），生活在高浓度盐分的环境中，例如犹他州的大盐湖，盐度范围15%～20%。一般海水的盐度是3%。3）产甲烷菌，它们获得能量是通过利用氢气（H_2）降解二氧化碳（CO_2），从而合成甲烷（CH_4）。

▶ 细菌域中已确定的有多少菌属？

生物学家认为至少有12种不同的菌属。

表4.2

主要的菌属	革兰氏反应	特 征	例 子
放线菌	阳 性	能产生孢子和抗生素；生存在土壤环境中	链霉菌属
化能自养生物	阴 性	生活在土壤环境中；在氮循环中起很重要的作用	亚硝化单胞菌属
蓝细菌	阴 性	含有叶绿素，能进行光合作用；生活在水中	鱼腥藻
肠杆菌	阴 性	生活在肠道和呼吸道；能分解物料；不能形成孢子；病原菌	大肠杆菌，沙门氏菌，弧菌
革兰氏阳性球菌	阳 性	生活在土壤中；存在于动物的皮肤和黏膜上；人类病原菌	链球菌，葡萄球菌
革兰氏阳性杆菌	阳 性	生活在土壤中或动物的肠道中；厌氧菌；会引起疾病	乳酸杆菌，芽孢杆菌
乳酸菌	阳 性	对食物生产很重要，特别是乳制品；动物致病菌	乳酸杆菌，李斯特杆菌
黏细菌	阴 性	通过分泌黏液移动和滑行；能够分解物质	粒杆黏细菌属
假单胞菌	阴 性	需氧杆菌和球菌；生活在土壤中	假单胞菌属
立克次氏体和衣原体	阴 性	非常小，寄生在细胞内，人类病原菌	立克次氏体和衣原体
螺旋体	阴 性	螺旋状，生活在水中	密螺旋体属，包柔氏螺旋体菌

▶ 地球上数量最多的生物是什么？

真细菌是地球上数量最多的生物。生活在人类口腔里的真细菌数量比生活在地球上的哺乳动物的总数还要多。

▶ 细菌是在什么时候被发现的？

安东·范·列文虎克（1632—1723），荷兰商人兼公务员，1674年发现了细

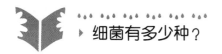

细菌有多少种?

科学家们认为至少有10 000种不同的细菌。《伯杰氏细菌分类学手册》列出了所有已鉴定的细菌的名称,登记了约4 000种细菌。剩下的物种尚未确定。

菌和其他微生物,当时他正通过玻璃透镜观察池塘的水滴。早期,单透镜仪器可放大的倍数是实际大小的50到300倍(大约是现代光学显微镜放大倍数的三分之一)。原始显微镜提供了一种观察微生物未知世界的方法。列文虎克在给英国伦敦皇家学会的一封信中,将其称为"微生物"。由于这些早期研究,列文虎克被认为是"微生物学之父"。

▶ 细菌的发现对自然发生说有何影响?

自然发生说的理论认为,生命可以从无生命物质中自发产生。第一个挑战自然发生说的科学家是意大利医生弗朗切斯科·雷迪(Francesco Redi, 1626—1698)。1668年,雷迪进行了一项实验证明,肉放在有盖容器(玻璃盖或金属盖)中就没有蛆虫,而肉留在一个无盖的容器中,会因苍蝇在肉上面下卵,最后爬满蛆虫。列文虎克发现微生物以后,对自然发生说的争议再度兴起,因为该学说认为食物变坏是由于食物中自发产生的生物引起的。1776年,拉扎罗·斯帕兰扎尼(Lazzaro Spallanzani, 1729—1799)表明,煮沸后并被密封的烧瓶中没有生物生长。自然发生说的争论最终在1861年由法国微生物学家、化学家路易·巴斯德(Louis Pasteur, 1822—1895)终结。他的实验表明,在变质食品中发现的微生物与在空气中发现的微生物相似。他得出结论,导致食品变质的微生物来自空气中,而不是自发产生的。

▶ 现代细菌学的创始人是谁?

德国细菌学家罗伯特·科赫(Robert Koch, 1843—1910)和路易·巴斯德被认为是细菌学的创始人。1864年,巴斯德发明了一种通过缓慢加热食品和饮料,使温度高到足以杀死大多数导致变质和疾病的微生物,但不会破坏食物或使食物变坏的方法。这个过程被称为巴氏灭菌法。1882年,科赫通过实验证明,结核病是由一种特定种类杆菌引起的传染病,从而为公共卫生预防措施奠定了基础,这将大大减少许多疾病的发生。他的实验室操作规程、微生物分离方法和四个确定病原菌的原理,对医疗研究者控制细菌感染有很大帮助。

▶ 什么时期被称为微生物研究的黄金时代?

微生物研究的"黄金时代"始于1857年路易·巴斯德的研究工作,并持续了约60年。在这个时期,有许多重要的科学发现。约瑟夫·利斯特(Joseph Lister, 1827—1912)用苯酚溶液处理手术伤口,推动了无菌手术的发展。保罗·埃尔利希(Paul Ehrlich, 1854—1915)成功合成"魔弹",一种被证明能有效地治疗梅毒的砷化合物,也推动了免疫学说的发展。1884年,巴斯德的同事艾利·梅奇尼可夫(Elie Metchnikoff, 1845—1916)发表了一篇关于吞噬作用方面的报告。报告解释了防御过程中人体的白细胞如何吞噬和消灭微生物。1897年,绪方正规(Masaki Ogata)报道,鼠蚤会传播淋巴腺鼠疫,弄清了这古老神秘的瘟疫是如何传播的。第二年,志贺洁(Kiyoshi Shiga, 1871—1957)分离出引起细菌性痢疾的细菌。这种生物最终被命名为痢疾志贺菌。

在微生物学的"黄金时代",研究人员确定了大量引起传染病的特定微生物。下表列出了许多此类疾病、病原菌,谁发现了它们和被发现的年份。

表4.3 疾病和相应的发现者

疾病名称	病原菌	发 现 者	发现年份
炭疽病	炭疽杆菌	罗伯特·科赫	1876
淋病	淋病奈瑟球菌	阿尔伯特·L. S. 奈瑟(Albert L. S. Neisser)	1879
疟疾	疟原虫	夏尔-路易·阿方斯·拉韦朗(Charles-Louis Alphonse Laveran)	1880
伤口感染	金黄色葡萄球菌	亚历山大·奥斯通爵士(Sir Alexander Ogston)	1881
结核病	结核分枝杆菌	罗伯特·科赫	1882

疾病名称	病原菌	发现者	发现年份
丹毒	酿脓链球菌	弗里德里斯·弗来森（Friedrich Fehleisen）	1882
霍乱	霍乱弧菌	罗伯特·科赫	1883
白喉	白喉杆菌	爱德温·克莱柏（Edwin Klebs）和弗里德里希·洛夫勒（Friedrich Löffler）	1883—1884
伤寒症	伤寒沙门氏菌	卡尔·艾伯特（Karl Eberth）和格奥尔格·加夫基（Georg Gaffky）	1884
膀胱感染	大肠杆菌	特奥多尔·埃舍里希（Theodor Escherich）	1885
沙门氏菌病	肠炎沙门氏菌	奥古斯特·格特纳（August Gaertner）	1888
破伤风	破伤风杆菌	北里柴三郎（Shibasaburo Kitasato）	1889
气性坏疽	产气荚膜杆菌	威廉·亨利·韦尔奇（William Henry Welch）和乔治·亨利·福基纳·纳托尔（George Henry Falkiner Nuttall）	1892
鼠疫	鼠疫杆菌	亚历山大·耶尔森（Alexandre Yersin）和北里柴三郎	1894
肉毒食物中毒	肉毒杆菌	埃米尔·冯·埃尔门坚（Emile Van Ermengem）	1897
志贺氏菌病	痢疾志贺氏菌	志贺洁	1898
梅毒	梅毒螺旋体	弗里茨·R. 肖丁（Fritz R. Schaudinn）和P. 埃里希·霍夫曼（P. Erich Hoffman）	1905
百日咳	百日咳博特氏杆菌	朱尔斯·博特（Jules Bordet）和奥克特夫·詹古（Octave Gengou）	1906

▶ 路易·巴斯德的发酵理论与当时的发酵概念有何不同？

路易·巴斯德提出，发酵是一种"活发酵"的过程。那个时期的其他著名化学家大多认为，发酵是一种纯粹的化学反应，该过程中微生物只是副产物，不是起因。

▶ 细菌细胞的主要成分是什么？

细菌细胞的主要组成是质膜、细胞壁和含有单个环状DNA分子的核区。质粒是存在于细菌细胞内的一些环状DNA片段，独立存在于细菌染色体之外。此外，一些细菌可能有鞭毛，可以辅助运动。菌毛或纤毛是一些短的、毛发状附属物，能帮助细菌黏附在各种不同的表面上，包括它们感染的细胞，或可黏附在细胞壁周围的荚膜黏液上，保护它们免受其他微生物侵害。

▶ 细菌的形状都相同吗？

细菌主要有三种形状：球形、杆状和螺旋形。球状细菌，被称为球菌，有些种属呈单个存在，其他种属则成群存在。球菌能够粘在一起，形成一对（双球菌）；当它们粘成一条长链，则被称为链球菌。形状不规则的块状或集群的细菌被称为葡萄球菌。杆状细菌，称为杆菌，以单个杆状或长链杆状的形式存在。螺旋形细菌被称为螺旋菌。

▶ 细菌的颜色有意义吗？

细菌的色素有助于细菌的鉴定。细菌有红色、紫色、绿色或黄色的。一些细菌只在一定的环境条件产生色素，如特定的温度条件下。

▶ 什么是培养皿？它是由谁发明的？

培养皿是一种浅盘，由两个圆形、重叠的部分组成。培养皿被用来在固体培养基中培养细菌和其他微生物，培养基通常是营养物琼脂。盘的顶部比底部大，所以当培养皿盖住的时候，会形成一个坚固的密封圈，防止培养中发生细菌污染。这个设备是1887年，由朱利斯·理查德·佩特里（Julius Richard Petri, 1852—1921）发明的，他是罗伯特·科赫实验室的成员。培养皿使用非常方便，可以彼此堆叠以节省存储空间，是微生物实验室中最常见的物品之一。

▶ 肉眼能够看到细菌吗？

费氏刺骨鱼菌（Epulopiscium fishelsoni），是生活在褐斑刺尾鱼肠道中的细菌，肉眼可见。它于1985年首次被发现，并被错误地归类为原生动物。后来的研究解析了这种生物的遗传物质，证明它是一种巨大的细菌，其直径达0.38 mm，大约是小字体印刷出版物中句号的大小。

▶ 什么生物的细胞基因组最小？

微生物的生殖支原体（一种极其微小的细菌）含有已发现的最小细胞基因组，由580 070个碱基对组成。碱基对是通过一对氢键连接的含氮碱基——一个嘌呤和一个嘧啶，它们参与组成DNA双螺旋结构。相较之下，大肠杆菌有4 639 221个碱基对。

▶ 细菌种群数量增长曲线的四个阶段是什么？

细菌种群数量增长曲线的四个阶段是：迟缓期、指数期（也称为对数期）、稳定期和衰亡期（也称为下降阶段）。在迟缓期，细胞数量没有增加，细菌只是在环境中合成各种酶为指数期做准备。在指数期，细菌数量以稳定的几何级数快速增长。在稳定期，细胞数目不增加也不减少；在这个阶段，细胞数量不能继续保持指数级的增速，因为提供的营养已经枯竭，废物积累。衰亡期是细菌增长曲线的最后阶段，在此期间死亡的细胞数量比新细胞多。

▶ 各种细菌的世代时间是多久？

世代时间被定义为一个细菌种群数量翻倍所需要的时间。如果培养管中接

 ▸ 一个典型的细菌细胞有多少个基因？

大肠杆菌约有5 000个基因。

种一个每20分钟分裂一次的细胞,当经过一个周期20分钟后,总细胞数量将增长到两个细胞,40分钟后是四个细胞。增长将以这种速度持续。

表4.4　所选细菌的世代周期

细　菌	温度(℃)	细胞周期(min)
大肠杆菌	37	17
痢疾志贺菌	37	23
鼠伤寒沙门氏菌	37	24
绿脓杆菌	37	31
金黄色葡萄球菌	37	32
芽孢杆菌	36	35
肉毒杆菌	37	35
乳酸链球菌	30	48
嗜酸乳杆菌	37	66
结核分枝杆菌	37	792

▶ pH对细菌生长有何影响?

　　pH是溶液中氢离子活性的浓度。pH值范围从0(很酸)到14(极碱性)。pH或环境中的氢离子浓度(H^+)对细菌生长至关重要,因为它可以影响酶的活性。极高或极低的pH值会使酶变性和失活,或破坏细胞。一个环境中的pH会显著影响细菌和其他微生物的生长。每个物种都有一个维持生长的最佳pH值,以及它们能够生存的pH值范围:嗜酸性微生物生长的最佳pH值是0～5.5;中性粒细胞是在5.5～8.0之间;嗜碱性微生物是在8.5～11.5之间。极端嗜碱性微生物生长的最佳pH值在10或更高。下面的表显示了不同生物体生长所需的pH值范围和最佳pH值。

表4.5　pH值与细菌生长的关系

生物体名称	生长所需的pH值	生长的最优pH值
氧化硫硫杆菌	1.0～6.0	2.0～3.5
嗜酸乳杆菌	4.0～6.8	5.8～6.6

生物体名称	生长所需的pH值	生长的最优pH值
大肠杆菌	4.4～9.0	6.0～7.0
芽孢杆菌	5.0～9.0	6.0～7.6
硝化杆菌	6.6～10.0	7.6～8.6
亚硝化单胞菌	7.0～9.4	8.0～8.8

▶ 如何按所需氧气的情况为细菌分类？

根据细菌对氧的需求可将它们分成四大类。需氧细菌生长在有氧环境中。微需氧菌能够在氧气浓度低于20%的空气中很好地生存。厌氧细菌在缺氧的情况下生长最好。兼性厌氧菌不论氧气存在与否都能生存,在有氧的条件下生长更快。

▶ 细菌如何繁殖？

细菌是无性繁殖,采用一分为二的分裂方式,即一个细胞分裂成两个相似细胞。首先是复制细菌的环状DNA,然后通过细胞质膜和细胞壁的内生形成横向壁。

▶ 细菌是否存在有性繁殖？

虽然细菌中并没有发生有性繁殖中配子融合的过程,但是细菌的遗传物质有时在细菌之间会发生交换。这通常通过三种不同的方式完成。第一种方法是

▶ 地球上已发现的微生物中哪种生活在地壳深处？

在南非金矿中距地球表面3.5 km处发现了耐热细菌。该矿此处环境温度为65℃。

转化,由一个破裂的细胞释放DNA片段并由另一个细菌细胞接收。第二个可能是传导,噬菌体携带遗传物质从一个细菌细胞传到另一个细胞。最后是接合,两种不同交配类型的细胞结合在一起并交换遗传物质。

▶ 细菌繁殖的速度有多快?

在良好的环境中,细菌能迅速繁殖。良好的环境可能是实验室培养,也可能是在自然条件下生长。例如,在最佳条件下,大肠杆菌每20分钟可分裂一次。大约12个小时之后,以一个细胞开始的实验室培养能形成由10^7到10^8个细菌组成的菌落。

▶ 细菌生存对温度有何要求?

所有微生物都有决定其生长的温度范围。总的来说,从-10℃到110℃范围内的各种温度,都有特定的微生物具备在此环境中生存和生长的能力。温度会限制细胞的新陈代谢。微生物的最高温度是其能生长的最高温度,最低温度是其能生长的最低温度。微生物的最适温度是其生长速度最快的温度。最高、最低和最适温度决定每种微生物生长的范围,并统称为基本温度。细菌按它们生存的基本温度可分为四组:嗜冷微生物、嗜温微生物、嗜热微生物、极度嗜热微生物。下表列出了这些群体可以生长的温度范围。

表4.6 菌群类型与温度之间的关系

菌群类型	可能的温度	最适温度
嗜冷微生物	-10℃～25℃	10℃～20℃
嗜温微生物	10℃～45℃	20℃～40℃
嗜热微生物	30℃～80℃	40℃～70℃
极度嗜热微生物	80℃以上	

▶ 质粒的作用是什么?

质粒是很小的、含有遗传信息的环状DNA分子。它们大约包含2%的细胞遗传信息,并独立于染色体。尽管质粒不是细菌生命中必不可少的部分,但是它们决定着细胞对抗生素的抗性，通常被称为R因子或抗性因子。特定的质粒能实现遗传物质的转移，这对基因工程至关重要。

▶ 按代谢活动如何划分细菌？

按代谢活动可分为自养或异养细菌。异养生物依靠有机化合物满足对碳和能源的需求，而自养生物需要无机营养物质并将二氧化碳作为唯一的碳源。大多数细菌是异养生物，必须获取来自其他生物体的有机化合物。多数异养生物是独立生存的腐生生物（也称为腐食性生物），从死亡的有机物中获取它们的营养物质。自养生物分为光合自养生物和化学合成自养生物：光合自养生物能从光中获得能量，而化学合成自养生物通过氧化无机化合物获得它们的能量。

▶ 细菌在哪里？

细菌生活在地球的每一个角落，包括其他生物无法生存的地方。在地球上空32千米处和太平洋水下11千米处都能发现细菌的存在。它们可生活在极端环境（如北极苔原）、滚烫的温泉水和我们的身体内。

▶ 没有营养物质时细菌是如何生存的？

当细菌菌群失去了食物供应时，许多细菌会脱水。在这个过程中细菌会产生一层厚的、坚硬的芽孢壳。细菌孢子可以休眠很长一段时间。当条件变得有利，孢子会再次活跃。细菌吸收水分，分解其厚的、坚硬的芽孢外壳并开始形成新的细胞壁。

▶ 细菌孢子能休眠多久？

1995年，科学家从一只由琥珀包裹、无刺的多米尼加蜜蜂（*Proplebeia dominicana*）的消化道中复活了芽孢杆菌孢子，该蜜蜂生活在2 500万年到4 000万年前。以前的文档中记录了路易·巴斯德将细菌孢子收集在安瓿瓶中，结果显示孢子只能存活70年。

什么是闪光鱼？

闪光鱼生活在深海中。它与生物发光细菌形成共生关系。这些鱼生活在完全黑暗的海洋深处，可以利用体内的发光细菌帮助它们吸引和捕获猎物。

▶ 什么是生物荧光细菌？

生物荧光是某些生物发出的光，含有很少的热量。在大多数物种中，发光物质（荧光素）是一个发光的有机分子，当一种酶（荧光素酶）存在时，荧光素会被氧分子氧化从而发光。荧光素酶从电子传递链上的黄素蛋白中获取电子，然后以光子的形式释放出部分电子能量。生物荧光是许多海洋区域的常见现象。一个例子是在印度洋发现的"牛奶海"，该海区看起来有一层柔和的白色光辉。

▶ 谁最早提出微生物会引发疾病？

罗伯特·科赫最早发现微生物会引发疾病。他的四个细菌学基本准则被称为科赫法则，现在仍然是细菌学的基本原理。科赫因对结核病的研究贡献，1905年获诺贝尔生理学/医学奖。

▶ 科赫法则是什么？

科赫法则是确认生物体具有病原性（能够引起疾病）必须满足的四个基本条件。其特征如下：1）必须在已感染疾病的动物的组织中发现该生物体，而在无病的动物中则没有发现。2）必须从患病动物中分离出生物体，并作为纯培养物培养。3）培养的生物体能够被转移到健康的动物中，且健康的动物在接触到该生物体之后会显示出患病的迹象。4）这种生物体必须能够再度从试验发病的动物身上分离出来。

会引发疾病的细菌比例大约有多少？

世界上虽然有数十亿种细菌，但是只有不到1%的细菌会引发疾病。

▶ 为什么有些菌株有致病性，而有些菌株没有？

细菌菌株具有遗传差异，这些差异不足以让人们将它们视为独立的物种，但是每种菌株都有自己的独特之处。例如，有许多不同的大肠杆菌菌株。一些细菌，如肠出血性大肠杆菌0157：H7，会导致严重的疾病，而另一些生活在肠道中的大肠杆菌，却被认为是有益的，因为它们能帮助消化。

▶ 肉毒杆菌的危害有多大？

肉毒杆菌可能会在食品中生长，并产生一种肉毒毒素，这是已知毒性最高的物质。微生物学家估计，1 g的肉毒毒素可以杀死1 400万名成年人！这种细菌耐沸水（100℃），但在120℃时加热5分钟即可被杀死。肉毒杆菌的这种耐受性，使人们不得不认真对待家中存放的蔬菜。如果家里罐头没有密封处理好，这种细菌可在厌氧条件下生长，并产生极具毒性的物质。肉毒杆菌的内生孢子可在没有密封好的罐头食品中发芽，所以切勿食用出现胀气的罐头中的食物，因为这表明罐头中充满了因芽孢发芽而释放的气体。吃了含有发芽后的孢子的罐头食物，会导致神经麻痹、严重呕吐甚至死亡。

▶ 什么是保妥适（Botox）？

保妥适（Botox）是A型肉毒杆菌毒素的商业名称，是肉毒杆菌产生的一种蛋白质。虽然它也是会引起食物中毒的毒素，但纯化后的肉毒杆菌毒素是无菌的，并已经转化为可用于注射，适用于医疗。1989年12月，肉毒杆菌毒素首先被美国食品药物监督管理局（FDA）批准，用于治疗两种眼肌肉失调疾病，即无法控制的眨眼（眼睑痉挛）和双眼存在偏差（斜视）。2000年，该毒素被批准用于治疗颈肌张力障碍，这是一种导致脖子和肩膀过度收缩的运动神经疾病。小剂量的肉毒杆菌毒素能够阻止神经细胞释放一种叫作乙酰胆碱的化学物质，该化学物质是肌肉收缩的信号。通过选择性地干扰肌肉收缩的能力，肉毒杆菌毒素能抹平已形成的抬头纹，改善皮肤的外观。

▶ 立克次氏体和衣原体会引起什么疾病？

表4.7　立克次氏体和衣原体会引起的疾病

生 物 体 名 称	疾 病
沙眼衣原体	沙眼、性病淋巴肉芽肿（LGV）、非淋病性尿道炎（NGU）
伯氏考克斯氏体	Q热
普氏立克次氏体	流行性斑疹伤寒
立氏立克次氏体	落基山斑疹热
立克次氏体	地方性斑疹伤寒

▶ 立克次氏体和衣原体是细菌还是病毒？

多年来，立克次氏体和衣原体一直被认为是病毒，因为它们非常小，是细胞内的寄生物。现在已经查明它们是细菌，因为它们拥有DNA和RNA，细胞壁类似于革兰氏阴性菌的细胞壁，采用二分裂的增殖方式，并对抗生素敏感，这与抗生素对大多数细菌产生的影响相似。

▶ 支原体是什么？

支原体是独立生存的最小生物，也是唯一没有细胞壁的细菌。

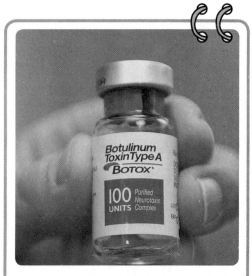

保妥适（Botox），A型肉毒杆菌毒素的商业名称，能够有效地抚平皱纹

一些支原体的质膜上有固醇（一种不含脂肪酸的脂类），质膜给这些没有细胞壁的细胞提供了维护细胞完整性所需的膜张力。因为支原体没有能够维持形状和刚度的细胞壁，所以它们没有固定的形态，具有多态性。肺炎支原体引起的疾病称为原发性非典型肺炎（PAP），是一种温和的下呼吸道肺炎。因为支原体没有细胞壁，青霉素无法阻止它们的生长。四环素能抑制蛋白质的合成，被推荐为治疗PAP的首选抗生素。

▶ 什么是炭疽？

炭疽的病原菌是炭疽杆菌，它是一种较大的、革兰氏阳性、不运动的、能形成孢子的杆状细菌。炭疽杆菌的三种毒性因子是致水肿毒素、致死毒素和荚膜抗原。有三种人类感染炭疽病的主要临床形式：皮肤侵染、吸入感染和肠胃感染。如果不及时治疗，各种形式的炭疽病会导致败血症而死亡。

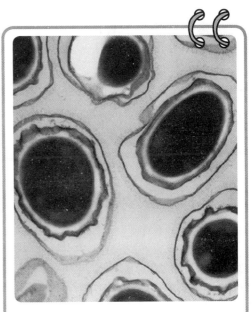

炭疽孢子。人类感染炭疽病的三种主要形式是：皮肤侵染、吸入感染和肠胃感染

病　毒

▶ 什么是病毒？

病毒是一种具有传染性、蛋白质包裹的DNA或RNA片段。病毒通过入侵宿主细胞并接管细胞的DNA复制"机制"来进行复制。病毒颗粒随后能从细胞中分裂出来，传播疾病。

▶ 病毒是活的生物体吗？

病毒不能独立生长或繁殖,只能寄生在宿主细胞中。一旦它们进入宿主细胞就会变得活跃,因此,它们介于生命和无生命之间,不被认为是活的生物体。

▶ 病毒的结构是怎样的？

病毒的遗传物质核酸链,是基因组的基础,由蛋白质形成的"衣壳"包裹着。衣壳保护基因组并形成病毒的外形。病毒可能是螺旋形或对称二十面体。有些病毒既展现出螺旋形又展现出二十面体的对称性,即复合对称。蛋白质衣壳通常可细分为蛋白质亚基,即壳粒。壳粒组织形成病毒的对称性。动物病毒经常在衣壳外形成包膜,这个包膜富含蛋白质、脂类和糖蛋白分子。

▶ 如何区别病毒与细菌？

表4.8 病毒与细菌的区别

特 点	细 菌	病 毒
能够通过滤菌器	不可以	可 以
质膜	有	没 有
核糖体	有	没 有
具有遗传物质	有	有
需要借助活的宿主繁殖	不需要	需 要
抗生素敏感度	有	没 有
干扰素敏感度	没 有	有

▶ 病毒的平均大小是多少？

病毒比细菌小得多。最小的病毒直径约为17 nm,最大的病毒长度可达1 000 nm(1 μm)。相比之下,大肠杆菌长约2 000 nm,一个细胞核直径为2 800 nm,真核细胞平均长度是10 000 nm。

表4.9　病毒的平均大小

病　　毒	大小（nm）	病　　毒	大小（nm）
天　花	250	狂犬病毒	150
烟草花叶病毒	240	流行性感冒	100
噬菌体	95	脊髓灰质炎病毒	27
普通感冒	70	细小病毒	20

▶ 病毒是如何进入宿主细胞繁殖的？

病毒进入宿主细胞前，会先诱骗宿主将其拉进去，就如同细胞对营养分子所做的那样，或者通过将病毒的外壳与宿主细胞壁或细胞膜融合，然后病毒将其基因释放到宿主细胞中。还有一些病毒将它们的遗传物质注入宿主细胞中，空

一位中国卫生工作者穿着防护服，以避免感染非典型肺炎（SARS）病毒

病毒外壳留在宿主细胞外。

▶ 病毒起源于何处？

被广泛接受的假说是,病毒是从细胞中"逃逸"出去的核酸片段。根据这一观点,有些病毒起源于动物细胞,有些病毒起源于植物细胞,还有一些病毒起源于细菌细胞。起源的多样性可以解释为什么病毒具有物种特异性。也就是说,为什么有些病毒只感染与它们密切相关的物种,或者说是它们起源的生物体。病毒和宿主细胞的遗传相似性支持了这一假说。

▶ 从哪里可以找到病毒？

病毒潜伏在任何环境(土地、土壤、空气)和任何物质中。它们感染各种类型的细胞,包括植物、动物、细菌和真菌。

▶ 从实验室分离出的第一种病毒是什么？

1935年,洛克菲勒研究所(如今被称为洛克菲勒大学)的温德尔·斯坦利(Wendell Stanley,1904—1971)提取和纯化了烟草花叶病毒。纯化病毒沉淀形成晶体。斯坦利的这个研究能够证明病毒可被视为化学物质而不是活生物体。纯化的晶体仍然保留了感染健康烟草植物的能力,因此将它们定义为病毒,而不仅仅是来源于病毒的化合物。后来的研究表明,烟草花叶病毒由蛋白质和核酸组成。进一步的研究表明,这种病毒的

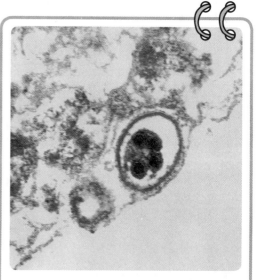

各种疱疹病毒,就像图中展示的病毒一样,都属于DNA病毒

RNA（核糖核酸）被蛋白外壳包围。斯坦利因他的发现获得1946年的诺贝尔化学奖。

▶ 病毒同时包含DNA和RNA吗？

病毒含有DNA或RNA作为它们的遗传物质，而细胞（包括细菌）同时含有DNA和RNA。

▶ DNA病毒和RNA病毒的区别是什么？

在DNA病毒中，病毒DNA的合成方式类似于宿主细胞DNA的合成。该病毒将其遗传物质插入宿主DNA中，而在RNA病毒中，是在RNA聚合酶的帮助下进行转录（蛋白质合成的第一阶段，由DNA产生信使RNA）。

▶ 流感是严重的病毒性疾病吗？

流感病毒可能是人类历史上危害最大的病毒之一。它是一种急性呼吸道疾病，其症状是发热、发冷、头痛、全身肌肉疼痛和频繁咳嗽。流感影响所有年龄段的人，但是对幼儿、老年人和因其他疾病引起并发症的患者会产生特别严重的影响。据估计，在1918—1919年的18个月内，全球发生了2亿例流感，造成2 100万人丧生。

▶ 诺贝尔生理学／医学奖获奖者彼得·梅达瓦爵士（Sir Peter Medawar，1915—1987）是如何描述病毒的？

梅达瓦写到，"病毒是一则包裹在蛋白质里的坏消息"，这一描述基于病毒会引起流感、天花、传染性肝炎、黄热病、脊髓灰质炎、狂犬病、艾滋病以及其他许多疾病的事实。

哪些动物病毒是DNA病毒,哪些是RNA病毒?

表4.10 动物病毒中的DNA病毒与RNA病毒

病	毒	引 起 的 疾 病
DNA病毒	腺病毒	大约有40种病毒能感染人类的呼吸道和肠道,导致喉咙痛、扁桃体炎、结膜炎
	疱疹病毒	1型单纯疱疹(唇疱疹)、2型单纯疱疹(生殖器疱疹)、水痘-带状疱疹(引起水痘和带状疱疹)
	乳多孔病毒	人体的疣,大脑退化性疾病,多瘤病毒(肿瘤)
	细小病毒	感染狗、猪、节肢动物和啮齿动物;人类食用受感染的贝类会导致肠胃炎
	痘病毒	天花、牛痘
RNA病毒	副黏病毒	麻疹、流行性腮腺炎、犬瘟热(发生于狗中)
	正黏病毒	人类和其他动物的流行性感冒
	小核糖核酸病毒	脊髓灰质炎病毒、甲型肝炎、人类感冒;导致无菌性脑膜炎的柯萨奇病毒和艾可病毒;感染肠道的肠道病毒;感染呼吸道的鼻病毒
	呼肠孤病毒	上吐下泻
	反转录病毒	艾滋病、某些癌症
	棒状病毒	狂犬病
	披膜病毒	风疹、黄热病、脑炎

为什么用药物治疗病毒感染很难?

抗生素对治疗病毒感染无效,因为病毒没有抗生素发挥影响的结构(如细胞壁)。一般来说,很难利用药物治疗病毒感染而不影响宿主细胞,因为病毒利用宿主细胞的机制来复制繁殖。人类现已开发出几种有效地抵抗某些病毒的药物。

表4.11 疾病与病毒及治疗

疾 病	病 毒	抗病毒药物
艾滋病	人体免疫缺陷病毒(即艾滋病毒HIV)	齐多夫定(AZT)、地达诺新、双脱氧胞苷嘧啶
慢性肝炎	乙肝或丙肝	α干扰素

疾　病	病　毒	抗病毒药物
生殖器疱疹、带状疱疹、水痘	疱疹病毒	阿昔洛韦、碘苷、曲氟尿苷、阿糖腺苷
甲型流感	流感病毒	金刚烷胺

▶ 能够预防病毒感染的天然物质是什么？

干扰素可保护相邻细胞免受病毒侵入。干扰素是肌体细胞接触病毒后产生的糖蛋白。1957年，亚历克·艾萨克斯（Alick Isaacs，1921—1967）和让·林登曼（Jean Lindenmann，1924—2015）发现了一组二十多种物质,后来这些物质分别被命名为 α 干扰素、β 干扰素和 γ 干扰素。

▶ 噬菌体是什么？

噬菌体是一种感染细菌的病毒。"噬菌体"这个词的意思是"以细菌为食的"（英文学名来源于希腊词phagein，意思是"吞噬"）。噬菌体是由一个长核酸分子（通常是DNA）盘绕在多面体蛋白质头部内构成的。许多噬菌体的尾部都与头部相连。从尾巴延伸出来的尾丝可用来将病毒吸附在细菌上。

▶ 噬菌体首次被发现是在什么时候？

噬菌体是20世纪初由英国科学家弗雷德里克·威廉·特沃特（Frederick W. Twort，1877—1950）和加拿大科学家费利克斯·德赫雷尔（Felix d'Hérelle，1873—

 当病毒侵入宿主细胞时,会产生多少新病毒？

病毒可以大量繁殖。举一个例子,脊髓灰质炎病毒在单个宿主细胞中可能会产生 100 000 个新病毒。

1949）发现的。1915年，特沃特观察到在固体培养基中一种过滤性因子会破坏细菌生长；1917年，德赫雷尔独立证实了这一发现。实际上是德赫雷尔将这一物质命名为"噬菌体"。然而，当时很少有科学家认可这些发现同噬菌体传染性本质和生长机制相关的理论。直到20世纪30年代，德国生物化学家马丁·施瓦辛格（Martin Schlesinger）描述了噬菌体特征，让噬菌体在微生物世界确立了自己独特的地位。

▶ 噬菌体如何分类？

噬菌体分为裂解型和温和型。裂解型噬菌体破坏宿主细胞。当裂解型病毒感染易感宿主细胞时，它使用宿主的代谢机制复制病毒核酸和产生病毒蛋白。这个过程有五个步骤：吸附、侵入、复制、装配和释放。这个过程大约需要30分钟，大约100个噬菌体被释放出来。

温和型噬菌体并不总是摧毁它们的宿主细胞。温和型噬菌体的DNA吸附、侵入并整合到宿主细菌DNA中，这时，这种噬菌体DNA被称为原噬菌体。原噬菌体的DNA复制与细菌DNA复制同时进行。病毒基因可能被完全抑制。携带原噬菌体的细菌细胞被称为溶原性细胞。

▶ 病毒和类病毒有何区别？

类病毒是没有蛋白质外壳包裹的核酸（RNA）小片段。它们通常与植物疾病相关，而且只有病毒的几千分之一大。

▶ 朊病毒是什么？

朊病毒是异常形式的天然蛋白质。目前的研究表明，朊病毒是由约250个氨基酸组成的。尽管人们进行了广泛且持续的研究，但仍未发现朊病毒中存在任何核酸组件。和病毒一样，朊病毒也是传染性病原体。

▶ 是谁首次使用"朊病毒"这个词？

1982年，斯坦利·布鲁希纳（Stanley Prusiner，1942—　　）发表一篇论文，在

描述一种传染病时使用了"朊病毒"来表达"蛋白质侵染因子"。布鲁希纳获得1997年的诺贝尔生理学/医学奖。

▶ 朊病毒是如何起作用的？

科学家们还没有发现朊病毒是如何致病的。目前的研究表明,朊病毒在溶酶体中积累。在大脑中,它可能会造成溶酶体破裂,破坏细胞。当病变的细胞死亡,细胞中的朊病毒就会释放出来,进一步破坏其他细胞。

▶ 哪些疾病与朊病毒有关？

人们认为朊病毒与一系列称为传染性海绵状脑病(TSEs)的脑部疾病相关。这种疾病,当它发生在牛身上时被称为牛海绵状脑病(疯牛病),当它发生在人类身上时被称为克雅二氏症。

单 细 胞 生 物

▶ 谁首先提出"原生生物界"？

1866年,因为新发现的生物既不属于植物也不属于动物,德国动物学家恩斯特·海克尔(Ernst Haeckel, 1834—1919)第一次提出"原生生物界"。原生生物英语名称protist一词源于希腊词protistos,意为"很早的"。

▶ 原生生物的特征是什么？

原生生物的种类繁多,但所有原生生物都是真核生物。它们中的很多都是单细胞生物,但也可能是多细胞、多核的或者形成菌落。尽管它们中的大多数极其微小,只能在显微镜下看见,但是也有些体积比较大,长度接近60 m。在早期,根据传统的分类方案,它们被归类为植物、动物或真菌。目前证据表明,原生生物会表现出植物界、动物界、真菌界的一些特征。

▶ 原生生物界主要的生物群体有哪些?

对于如何给原生生物分类,分类学家没有达成共识,但鉴于某些运动性、营养和生殖方面的特征,它们被分成七个群体。下表展示了一般分组。

表4.12 原生生物界的生物群体与其特征

群 体	特 征
肉足虫纲	阿米巴原虫和相关的生物体,没有恒定的驱动结构
藻纲	能进行光合作用的单细胞和多细胞生物体
硅藻纲	能进行光合作用的生物体,有由二氧化硅构成的硬外壳
鞭毛虫纲	在水中能利用鞭毛来驱动的生物体
孢子虫纲	通过孢子来传播,自身不运动的寄生虫
纤毛虫纲	在细胞表面有许多短的毛状结构能驱动生物体运动
霉 菌	移动受限的异养生物,碳水化合物组成的细胞壁

▶ 15个原生生物主要门的区别是什么?

因原生生物的多样性,导致很难对它们进行分组和分类。用于原生生物分类的特征包括运动方式、是否存在鞭毛和纤毛、身体形态和荚膜、能够进行光合作用的色素、营养模式、生物是单细胞还是多细胞。

表4.13 原生生物界中主要门类的特征

门 类	形 态	体型/覆盖物	运动方式	色素/光合作用
根足虫类	单细胞	没有特定的形状;有些有壳	有伪足	没 有
有孔虫类	单细胞	有 壳	细胞质突起	没 有
辐足亚纲	单细胞	有骨架	微管加强的伪足	没 有
绿藻门	单细胞;多细胞和菌落	细胞壁含有纤维素	有鞭毛;有些物种是运动的	叶绿素
红藻门	大部分为多细胞	细胞壁含有纤维素	不运动	叶绿素和藻红素

(续表)

门　类	形　态	体型/覆盖物	运动方式	色素/光合作用
褐藻门	多细胞	细胞壁含有纤维素	有鞭毛	叶绿素
金藻门	单细胞；有些有菌落	二氧化硅外壳	没有鞭毛；利用分泌黏液滑行移动	叶绿素
甲藻门	单细胞；有些成菌落	大部分有纤维素外壳	鞭　毛	叶绿素；类胡萝卜素
裸藻门	单细胞	柔性薄膜、类胡萝卜素、裸藻可以改变它们的形状	鞭　毛	叶绿素
动鞭亚纲	单细胞	没　有	鞭　毛	没　有
顶复亚门	单细胞	产孢子	不运动	没　有
纤毛亚门	单细胞	没　有	纤　毛	没　有
集胞黏菌门	在大部分的生命时间里是单细胞；繁殖阶段为多细胞	纤维素（孢子）	单细胞有伪足	没　有
黏菌门	多核、团状细胞质	没　有	可能有鞭毛	没　有
卵菌门	多核菌丝体	纤维素	鞭　毛	没　有

▶ 原生生物共有多少种？

生物学家估计，地球上可能有多达200 000种原生生物。21世纪初，每个类群的鉴定物种数量如下。

表4.14　原生生物类群的物种数量

门　类	通用名	物种数目
根足虫类	阿米巴原虫	数百种
有孔虫类	有孔虫	数百种
辐足亚纲	辐足亚纲	数百种
绿藻门	绿　藻	7 000
红藻门	红　藻	4 000
褐藻门	褐　藻	1 500

门　类	通用名	物种数目
金藻门	硅藻	11 500
甲藻门	鞭毛藻	2 100
裸藻门	裸藻	1 000
动鞭亚纲	动鞭毛虫；鞭毛虫	数千种
顶复亚门	孢子虫	3 900
纤毛亚门	纤毛虫	8 000
集胞黏菌门	细胞状黏菌	70
黏菌门	非细胞黏菌	500
卵菌门	水　霉	580

▶ 阿米巴原虫是在哪里被发现的？

阿米巴原虫生活在土壤、淡水和咸水中。它们没有确定的形态，当它们使用其伪足移动时，能够不断改变形状（阿米巴原虫的英文名称amoeba，来源于希腊语"变化"）。伪足，意思是"假的脚"，是细胞质突起。随着细胞质的延展和膨胀，阿米巴原虫得以移动。伪足还可用液泡包围和捕捉食物。

▶ 痢疾阿米巴原虫会引发何种疾病？

痢疾阿米巴原虫是寄生生物，会导致阿米巴痢疾，即肠道紊乱。据调查估计，美国有多达1 000万人感染寄生性阿米巴原虫，但是只有200万人表现出疾病症状。在热带地区，可能有多达一半的人口感染这种疾病。

▶ 什么病是由锥虫属的原生生物引起的？

锥虫属生物会导致"昏睡病"、东海岸热和恰加斯病。这些疾病在热带地区都很常见。锥虫引起的这些疾病都是通过昆虫（比如采采蝇）叮咬传播的。

▶ 什么病是由疟原虫属原生生物引起的?

孢子虫纲的疟原虫会引起疟疾。疟原虫个体是通过已被感染的蚊子叮咬人类时进入人体的。

▶ 哪种原生生物是污染水的指示物?

裸藻是单细胞鞭毛虫。许多裸藻能进行光合作用,有自养能力。它们通常生活在淡水池塘和水坑里。其他不进行光合作用的裸藻属于异养型,经常在含有大量有机物质的水中被发现。裸藻经常作为环境测量指示器,它们会在受污染的水域中大量存在。

▶ 硅藻是什么?

硅藻是原生生物界中的微型藻类。硅藻差不多都是单细胞藻类,并生活在淡水和咸水中。它们在寒冷的北太平洋和南极水域中依然大量存在。硅藻是黄色或棕色的,是海洋浮游生物和许多小动物很重要的食物来源。硅藻有坚硬的细胞壁,这些"壳"是由从水中提取的二氧化硅构成的。目前尚不清楚它们是如何从水中提取硅的。当它们死后,它们的玻璃质外壳,即硅藻壳,会沉到海底,硬化成岩石,被称为硅藻土。最著名的、最容易接触到的硅藻土是沿加州中部和南部海岸形成的蒙特雷岩层。

▶ 虽然纤毛虫实际上是单细胞,但是它的哪些特征会让人觉得它们是复杂的生物?

纤毛虫在细胞内有许多特化的细胞器。这些细胞器包括帮助运动的纤毛、两种类型的细胞核(微核和大核)、摄取食物的口沟、帮助食物消化的液泡、调节水平衡的伸缩泡和排出固体废物颗粒的胞肛。在淡水中发现的草履虫属生物,对周围环境的反应好像是由神经系统控制的。例如,当遇到障碍物时,它们的反应是通过纤毛朝相反方向击打,从而朝着新的方向前进。

▶ 细胞性黏菌和非细胞性黏菌有何区别？

虽然都被称为黏菌，但是细胞性黏菌和非细胞性黏菌有一些不同之处。细胞性黏菌类似于阿米巴原虫，它们能像单个细胞一样移动、捕食和进行繁殖。非细胞性黏菌（疟原虫）由一个没有细胞壁的多核胞质团组成。

▶ 哪类黏菌可作为发育生物学的一种模式生物？

盘基网柄菌已被作为研究复杂有机体的发育生物学模型。在最佳条件下，这种生物体以单个形式存在，即变形虫细胞。当食物缺乏时，细胞们会移动后聚合成一体，类似于鼻涕虫，在顶部分化出能产生孢子的子实体。这种结构会释放出孢子，并成长为一个新的变形虫细胞。这种单个、独立生存的细胞形成多细胞生物的发展机制，可模拟更复杂难解的有机体的许多特性。

▶ 原生生物马铃薯晚疫病菌如何影响了爱尔兰历史？

马铃薯晚疫病菌是土豆中最致命的病原菌之一，会导致马铃薯晚疫病。这种病原菌是造成1845至1849年爱尔兰发生马铃薯饥荒的主要原因。晚疫病菌导致马铃薯植株的叶子和茎腐烂，最终导致块茎停止生长。接着，块茎被病原体攻击，并传播到世界各地。据估计，150万爱尔兰人从他们的国家移居世界各地，其中大部分移居美国。估计当时约有40万人由于营养不良而死于饥荒。

▶ 有哪些证据使科学家相信陆生植物是从绿藻进化而来的？

许多科学家认为，古绿藻进化成了陆地植物。其证据有：绿藻中的叶绿体与陆地植物中的相同；绿藻的细胞壁成分与陆生植物相似；两者都能以同样的方式储存食物，如淀粉。大多数绿藻生活在不同海拔的淡水栖息地，变化多端的生存环境使它们具有很强的适应性。

应　　用

▶ 什么是巴氏灭菌法？

巴氏灭菌是加热液体（如牛奶）的过程，可杀死引起变质和疾病的微生物。路易·巴斯德在研究如何控制葡萄酒中微生物污染时，发明了这一方法。巴氏灭菌法通常用于杀灭致病菌，如分枝杆菌、布鲁氏菌、沙门氏菌、链球菌等，常用于牛奶和其他饮料的生产过程中。

有三种制作巴氏杀菌奶的方法。第一种方法，低温保存（LTH），将牛奶加热到62.8℃，维持30分钟。第二种方法，高温短时（HTST），牛奶在71.7℃保持15秒。这种技术也称为高温瞬间灭菌法。第三种方法，也是一种比较新的方法，是将牛奶加热到141℃并维持2秒，这种方法被称为超高温（UHT）处理。短时间处理方法能够改进口味，并延长产品保质期。

▶ 细菌在第一次世界大战中发挥过什么作用？

第一次世界大战期间，英国需要有机溶剂丙酮和丁醇。丁醇是生产人造橡胶必需的试剂，丙酮是生产无烟炸药必需的试剂。1914年之前，丙酮是由干燥木材加热（热解）得到的。生产一吨丙酮需要80到100 t的桦木、榉木或枫木。当战争爆发时，丙酮需求迅速超过了全球供应的量。1915年，哈伊姆·魏茨曼（Chaim Weizmann，1874—1952）发现了一种发酵过程，利用厌氧细菌丙酮丁醇杆菌可以将100 t糖浆或谷物转化成12 t丙酮和24 t丁醇。在新的发酵设施建成之前，英国和加拿大的酿酒厂被改造为丙酮和丁醇制造工厂。商业丙酮和丁醇就是通过这个发酵过程获得的，直到20世纪40年代末至50年代，它们被更便宜的石油化学制品所取代。

▶ 首次使用"抗生素"这个词是在什么时候？

"抗生素"这个词的意思是"对抗生命"。1889年，保罗·维耶曼（Paul

Vuillemin）使用这个词来描述绿脓菌素，这是几年前他分离出来的物质。在试管中，绿脓菌素能抑制细菌的生长，但是绿脓菌素对人来说是致命的，所以不能用于疾病治疗。抗生素是某些生物的化学产品或衍生物，可抑制其他生物的生长。

▶ **抗生素是如何杀灭细菌的？**

抗生素的功能是削弱细胞壁，或干扰细菌细胞的蛋白质合成或RNA合成。例如，青霉素可削弱细胞壁，使细胞内部压力膨胀，最终破裂。某些抗生素对革兰氏阴性菌有效，而另一些则对革兰氏阳性菌更有效。

▶ **不同类型的抗生素影响细胞的哪些不同部位？**

表4.15 抗生素与所影响的细胞部位的关系

抗 生 素	细菌细胞中的作用位点	干扰细菌细胞的方式
氨基糖苷类抗生素	蛋白质合成	抑制蛋白质合成；通常与核糖体结合
氯霉素		
克林霉素		
红霉素		
大观霉素		
四环素		
杆菌肽	细胞壁	细胞壁抑制因子；干扰细胞壁的合成
头孢西丁		
头孢菌素		
青霉素		
万古霉素		
多黏菌素	细胞膜	损伤细胞膜
甲硝唑	核酸	抑制DNA或RNA的合成
萘啶酸		
利福平		
异烟肼	代谢反应	抑制某些代谢物的合成；蛋白质、DNA和RNA的前体
磺胺类药剂		
甲氧苄啶		

▶ **哪些抗生素对革兰氏阳性菌最有效，哪些对革兰氏阴性菌最有效？**

青霉素及其半合成衍生物对革兰氏阳性菌最有效。氨基糖苷类抗生素，如庆大霉素、新霉素和卡那霉素对革兰氏阴性菌有效。对多种革兰氏阳性菌和革兰氏阴性菌均有效的抗生素被称为广谱抗生素。

▶ **什么是病原体的抗生素耐药性？**

具有抗生素耐药性的病原体引起的疾病或感染不能用标准的抗生素治疗。这些微生物已经发生了变异或突变，从而大大降低乃至消除抗生素药物在治疗或预防感染上的有效性。

▶ **具有抗生素耐药性的病原体的一个例子是什么？**

金黄色葡萄球菌是一种能引起尿路感染和细菌性肺炎等多种感染的细菌。它在50年前就开始对青霉素产生了耐药性。现在，已经开发出更强大和更有效的抗生素，用于治疗由金黄色葡萄球菌引起的感染。

▶ **什么因素导致了耐药细菌的数量增加？**

细菌变异是为了适应新的环境。一种能使微生物在抗生素存在的环境中存活的突变，会迅速在整个微生物种群中传播。由于细菌复制极快，所以一个突变可以很快普及。

抗生素的过度使用促进了耐药细菌的出现。抗生素药物也可能被用于其不能有效对抗的病毒感染。还有，患者往往不能遵循正确的指导服用抗生素。应按规定剂量使用抗生素，直到它完全发挥作用。虽然一个人可能接受治疗后短期内效果已经很好，但全疗程的抗生素治疗并未完成，通常仅仅毁灭了最脆弱的细菌，相对耐药的细菌还能够在人体中生存和繁殖。因为耐药性菌株对标准治疗没有反应，疾病会持续更长的时间，甚至可能导致患者死亡。耐药细菌的激增令人类更加难以找到有效的治疗方法。

美国生产的抗生素中有百分之多少被添加到动物饲料中？

据估计,美国生产的抗菌药物中有40%～50%被添加到动物饲料中。

▶ **哪种抗生素被认为是治疗耐药性葡萄球菌和肠球菌的"终极手段"？**

葡萄球菌和肠球菌的感染通常必须使用万古霉素治疗,因为这种抗生素对于医院里常发现的耐药性细菌是致命的。直到最近,万古霉素才被发现能有效对付这些耐药性病原体。然而,在20世纪80年代后期,耐万古霉素肠球菌的发展开始对医院患者和卫生保健领域构成威胁。研究人员继续利用化学方法改进万古霉素分子,使得它能一直成为保证抗生素有效性的"终极手段"。

▶ **农业中,抗生素用于何处？**

为了控制疾病,抗生素可喷洒在果树和其他可食用植物上。此外,抗生素还被添加到饲料中,以预防疾病和使产肉动物的产量增速。

▶ **动物饲料添加抗生素与人类中耐药性感染细菌的增加有关系吗？**

科学家发现了农业中抗生素的使用,尤其是在动物饲料中,会增大人类因食用来自这些动物的产品而受到食源性感染的概率。耐药细菌存在于动物中,在屠宰和肉类加工过程中仍可能存活。未煮熟的肉类将成为这些细菌的避风港,人类食用后就可能引起疾病。使情况进一步复杂化的是,用于治疗感染者的抗生素可能类似于通常用于动物的常规抗生素,这导致抗生素的效果不那么理想。

▶ **如何在动物饲料中使用抗生素,以促进动物的生长？**

早在四十年前,农民已经开始采用在饲料中添加抗生素的方式。使用抗生素的主要原因是为了保持动物的健康。动物经常密集地生活在围栏里,这加快了细菌感染的传播速度。使用抗生素能阻止牲畜中细菌的感染和传播。这种治疗的一个意外的副作用是能加快动物的生长。科学家认为,抗生素能抑制一种肠道细菌——产气荚膜杆菌,该类菌会产生毒素,可能会阻碍动物生长。有了这一发现之后,农民们开始给他们的动物吃抗生素,这不仅能使动物体重增加也能预防感染。

▶ 抗生素与抗菌物质有何不同?

抗生素和抗菌物质都能干扰细菌的生长和繁殖。抗生素作为人类和动物的药物来使用。抗菌物质,可用于肥皂、洗涤剂、保健品、护肤品及家用清洁剂中,用于消毒和消除潜藏的有害细菌。

▶ 无残留抗菌物质和可残留抗菌物质有何区别?

无残留抗菌物质能迅速杀灭细菌,并且通过蒸发或化学分解,它们会迅速从表面消失,不留下有活性的残留物。无残留抗菌物质的例子有醇类、醛类(如甲醛),以及释放卤素的化合物(如氯和过氧化物)。

相比之下,可残留抗菌物质的消毒作用是长期的,因为它们在使用的表面留下长效的残留物。可残留抗菌物质的例子有三氯卡班、三氯生、重金属(如银和汞)化合物等,还有季铵化合物如苯扎氯铵。

▶ 哪些化学药剂对控制微生物有用?

表4.16 用来控制微生物的化学试剂

化学试剂	防腐剂或消毒剂	抗菌谱	应用
酸	苯甲酸、乳酸、水杨酸、十一碳烯酸、丙酸	一些细菌和真菌	皮肤感染、食物防腐剂
吖啶染料	吖啶黄素、原黄素	葡萄球菌、革兰氏阳性菌	皮肤感染
乙醇	70%酒精	营养细菌细胞、真菌、原生生物、病毒	仪器消毒剂、皮肤消毒液

（续表）

化学试剂	防腐剂或消毒剂	抗菌谱	应用
阳离子清洁剂	商业清洁剂	针对众多的微生物	工业设备、皮肤消毒剂、清洁剂
氯（卤族）	氯气、次氯酸钠、氯胺	针对众多的细菌、真菌、原生生物、病毒	水处理、皮肤消毒剂、喷洒设备、食物处理
铜（重金属）	硫酸铜	藻类和一些真菌	游泳池和市政供水的杀藻剂
环氧乙烷	环氧乙烯气体	所有微生物，包括芽孢	仪器、设备，热敏性物体（塑料）的消毒
甲醛	甲醛	针对众多细菌、真菌、原生动物和病毒	尸体防腐、疫苗、气体杀菌剂
戊二醛	戊二醛气体、福尔马林	所有微生物，包括芽孢	手术用具的消毒
过氧化氢	过氧化氢	厌氧菌	受伤处理
碘酊（卤素）	碘酊、碘附	针对众多细菌、真菌、原生生物、病毒	皮肤消毒、食物加工、手术前准备
水银（重金属）	氯化汞、硫柳汞、硝基汞甲酚	针对众多细菌、真菌、原生生物、病毒	皮肤消毒、防腐剂
酚类	甲酚类、六氯酚、己雷锁辛、氯己定	革兰氏阳性菌、一些真菌	传统的防腐剂、皮肤消毒的洗涤剂
银（重金属）	硝酸银	烧伤的组织、淋球菌	皮肤消毒、新生儿的眼睛
三苯基甲烷染料	孔雀绿、结晶紫	葡萄球菌、某些真菌、革兰氏阳性菌	创伤，皮肤感染

▶ 抑菌剂、洁净剂、消毒剂和灭菌器以相同的方式抑制微生物吗?

美国环境保护署（EPA）将抗菌药物分为非公共卫生产品和公共卫生产品。非公共卫生产品用来控制以下几种生物的生长：藻类，产生异味的细菌，只对动物有传染性的微生物，能导致物质腐败、恶化或污染的细菌。例如，飞机燃料、油漆、纺织品和纸制品的处理试剂都是非公共卫生产品。公共卫生产品能在无生命环境中抑制会感染人类的微生物。抑菌剂、洁净剂、消毒剂和灭菌器都是公共卫生产品。

洁净剂用于将非生命环境中的微生物减少而不是杀灭,使其达到公共卫生规范或法规规定的安全水平。非食品接触型洁净剂可用于清洁餐具、器皿以及奶制品厂和食品加工厂中的设备。非食品接触型洁净剂包括地毯洁净剂、空气洁净剂、洗衣添加剂和卫生间罐内洁净剂。

消毒剂可用于坚硬的、无生命的表面和物体,可以消灭或不可逆地灭活传染性细菌,但未必能完全消灭它们的孢子。消毒剂根据它们是用于医院还是一般环境来进行分类。医院消毒剂对控制感染至关重要,可用于医疗和牙科器械、地板、墙壁、床上用品和马桶。

灭菌器,也叫杀芽孢器,能摧毁一切形式的微生物及其孢子。灭菌对控制感染是至关重要的,该过程也广泛用于医院中医疗仪器和设备的消毒。灭菌器有高压锅、干热烤箱、低温气体和液体化学灭菌剂。

▶ 在家中,使用抗菌肥皂能减少感染的风险吗?

研究发现,很少有证据能支持,在家中使用抗菌肥皂能减少感染的风险或防止感染。这些抗菌产品用于医院和疗养院等卫生保健场所,有助于减少传染病的蔓延。

▶ 在外科手术中第一次使用化学消毒剂是在什么时候?

在外科手术中首次使用化学消毒剂的记录,是1865年3月由格拉斯哥皇家医院书写的。约瑟夫·李斯特(Joseph Lister,1827—1912)在给患者动手术之前,在空气中喷洒含石炭酸的细水雾,并用石炭酸溶液浸泡手术器械。虽然患者还是死亡,但是李斯特继续他的实验。1867年,《柳叶刀》杂志发表一篇文章,报道李斯特开始使用化学消毒剂处理手术环境后,其主刀手术的死亡率从45%降至9%。

▶ 有多少种可用的抗菌产品?

在美国环境保护署注册的抗菌产品超过8 000种。环保署监管能在无生命表面杀死微生物的产品。各种产品共含有300多种不同的有效成分,可做成喷

▸ **旧鞋子中的臭味是由什么细菌产生的？**

> 正常的脚产生的汗水会被制作鞋的材料所吸收。空气传播的微球菌属细菌能在脚释放的汗液中大量繁殖。细菌能分解汗液中的有机成分，并产生硫化合物。硫化合物聚集在鞋的材料中，释放出典型的"臭鞋"气味。

雾、液体、浓缩粉末和气体。这8 000多种抗菌产品中，一多半用来控制医疗场所中的传染性微生物。

▷ 哪种抗菌产品在日常使用中最有效？

无残留消毒剂如过氧化氢和漂白剂，是控制微生物比较有效的药剂。一些可残留抗菌产品已被证明在特定的条件下也是很有效的。例如，抗菌牙膏有助于控制牙周病，抗菌除臭剂能抑制产生异味的细菌，去屑洗发水有助于控制头皮屑。

▷ 用来认定新发传染病的标准是什么？

新发传染病是指新近发生，在变化之中，已经或即将显示出发病率增加的传染病。有几个标准可用来认定一种新发传染病，包括：1）此种疾病引起的症状明显不同于所有其他的疾病；2）诊断技术确认证明这是一种新的病原体；3）一种局部地区的疾病发展为广泛传播的疫病；4）一种罕见的疾病，它的发生率增加并且慢慢变为常见疫病；5）轻度疾病变为重症；6）随着寿命增长，病情会有缓慢的发展。

▷ 哪些因素导致新发传染病的传播？

导致新发传染病传播的因素，包括环境变化、不合理使用和滥用抗生素，以及现代交通工具的盛行。这些因素使疾病可以在不同地域中迅速广泛地传播。

表4.17　传染病暴发事件的病原体与起因

病原体的 名称	微生物 类型	疾　病	出现的年份	起　　因
布氏疏螺旋体	细　菌	莱姆病	1975	住宅附近的植树造林； 鹿的数量的增加
嗜肺军团菌	细　菌	军团病	1976	制冷和水暖系统
金黄色 葡萄球菌	细　菌	中毒休克综合征	1978	超吸收卫生棉条
大肠杆菌 O157：H7	细　菌	溶血性尿毒综合征	1982	大规模的食物加工过程 中,可能会出现肉类污染
人类免疫缺陷 病毒（HIV）	病　毒	艾滋病	1983	城市间的移民,性传播, 静脉注射剂的使用,输 血,器官移植
黄病毒	病　毒	登革热	1984	运输和旅行
丙型肝炎病毒 （HCV）	病　毒	丙型肝炎	1989	输血,器官移植,皮下注 射针头被污染,性传播
汉坦病毒 （SNV）	病　毒	汉坦病毒肺综合征	1993	环境变化
线状病毒	病　毒	埃博拉出血热	1995（早在1975 年和1979年就 已爆发过）	未　知
冠状病毒	病　毒	严重急性呼吸综合征	2003	密切人际接触

▶ **最常见的微生物疾病是什么？**

根据美国疾病控制中心统计,在美国最常见的微生物疾病如下表所示。

表4.18　美国最常见的微生物疾病类型

疾　病	每年发生的案例数 （以2002年为例）	疾　病	每年发生的案例数 （以2002年为例）
淋　病	351 852	梅　毒	32 871
沙门氏菌病	44 264	莱姆病	23 763
艾滋病	42 745	细菌性痢疾	23 541

（续表）

疾　　病	每年发生的案例数（以2002年为例）	疾　　病	每年发生的案例数（以2002年为例）
水　痘	22 841	肺结核	15 075
肝炎（所有类型）	18 626	百日咳	9 771

▶ **为什么细菌被称为"污染斗士"？**

通过一个被称为"生物修复"的过程，细菌能够降解土壤和水中的许多污染物。它们也能够改变有害物质，使它变成无害物质甚至是对环境更有益的物质。科学家们正在努力提高细菌处理自然污染的效率。

▶ **"埃克森·瓦尔迪兹"号漏油事件后，使用了哪些细菌来清理海滩？**

假单胞菌属细菌能够降解石油，使石油成为它们的营养来源。这种微生物被用来清理油轮泄漏的油污。为了提高该菌的处理效率，在被泄漏污染的海滩上还添加了氮和磷。海滩上的降解石油细菌的数量充分增加，足以除去残留在海滩上的大部分石油。

▶ **发酵食品的例子有哪些？**

发酵食品是由微生物发酵产生的食物。细菌和真菌的组合，常用于许多食品的发酵过程。发酵食品有奶酪、酸奶、酸菜、泡菜、醋、酱油、味噌、巧克力、咖啡和大部分酒精饮料等。

"埃克森·瓦尔迪兹"号油轮漏油事故发生后，使用了来自假单胞菌属的细菌来清除溢出物

▶ 哪种细菌是各种食品生产所必需的？

表4.19　各种食品生产所必需的细菌

食　　物	微　生　物
酪乳和酸奶油	乳酪链球菌、噬柠檬酸链球菌
腌　菜	产气肠杆菌、明串珠菌属某些种、短乳杆菌
泡　菜	明串珠菌属某些种、短乳杆菌
瑞士干酪	乳杆菌属某些种、丙酸杆菌属某些种
醋	醋化醋杆菌
酸　奶	嗜热链球菌、保加利亚乳杆菌

▶ 普通酸奶和甜酸奶有什么区别？

　　酸奶和甜酸奶都接种了嗜酸乳杆菌。许多卫生工作者认为，这种细菌是人类肠道菌群的成员之一，可帮助消化。添加细菌到大桶的脱脂牛奶中，是普通酸奶发酵过程的一部分。酸奶有一种特有的酸味。甜酸奶则是把细菌添加到经过巴氏消毒后的牛奶，而且没有经发酵就包装起来，所以甜酸奶缺少酸奶特有的酸味。

▶ 英国多佛的白色悬崖是怎么形成的呢？

　　多佛的白崖是由各种各样的原生生物外壳化石构成，包括石藻（一种藻类）和有孔虫。死的有孔虫的壳沉积在海底，并形成灰色泥浆。灰泥逐渐转变为石灰岩（白垩）。地质抬升让石灰石构造出现在地面上。

▶ 红藻有哪些商业用途？

　　红藻的细胞壁含有一种黏液状的外部成分，通常由琼脂和卡拉胶组成。琼脂可用于制造凝胶胶囊，也可用来制造口腔印模、用作化妆品基质材料。它也是科学实验室用来培养细菌、真菌和其他生物体的培养基的基本成分。琼脂还可用于防止烘焙食品变干和制作速凝果冻。卡拉胶用作乳状剂的稳定剂，用于油漆、化妆品、冰激凌和许多奶制品中。

英国多佛的白崖，由不同种类的原生生物外壳化石构成

▶ 什么是琼脂？

琼脂是红藻的一种多糖提取物，常作为微生物培养的固化材料。琼脂被罗伯特·科赫用作细菌的培养基。科赫对分离出细菌并进行纯培养很感兴趣。因为从液体培养基中分离微生物比较困难，所以他开始研究细菌可以在哪种固体培养基中生长。煮过的无菌土豆不能让人满意。科赫的助手之一瓦尔特·黑塞（Walther Hesse，1846—1911）的妻子，芬妮·E.黑塞（Fannie E. Hesse，1850—1934）提出了一个更好的选择。她建议用琼脂来固化液态的营养肉汤，她之前常用琼脂来使酱汁、果酱、果冻变稠。琼脂一般很便宜，而且一旦定形，在温度达到212°F（100℃）之前不会融化。如果将1～2 g的琼脂添加到100 ml的营养肉汤中，这样制成的固体培养基不会被大多数细菌分解。

▶ 褐藻的商业用途是什么？

海带，是褐藻的一种，它含有从海水中摄取的大量的钠、钾、碘和海藻酸盐。海藻酸盐是一种碳水化合物，可用于形成凝胶。

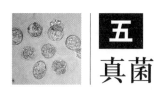

五
真菌

简介及历史背景

▶ 所有真菌的共同特征是什么？

最早的分类系统把真菌归类为植物。1784年人们首次提出了一种新的分类系统，把真菌归为一个单独的"界"。研究人员确定了所有真菌共有的四个特征：真菌缺乏叶绿素；真菌的细胞壁含有碳水化合物几丁质（同构成螃蟹壳的坚韧物质完全一样）；真菌并非是真正的多细胞生物，因为每一个真菌细胞的细胞质会与邻近细胞的细胞质相融合；真菌是异养的真核生物（不能够从无机物中产出自己所需养分），而植物是自养的真核生物。

▶ 研究真菌的学科叫什么？

研究真菌的学科就叫作真菌学，它是来自古希腊单词mycote（即"真菌"）。第一部全面的真菌分类学著作《真菌系统》是由伊利阿斯·弗里斯（Elias Fries，1794—1878）和克里斯蒂安·亨德里克·佩尔松（Christian Hendrick Persoon，1761—1836）在1821—1832年间发表的。该书至今仍被视为真菌分类学的权威资料。

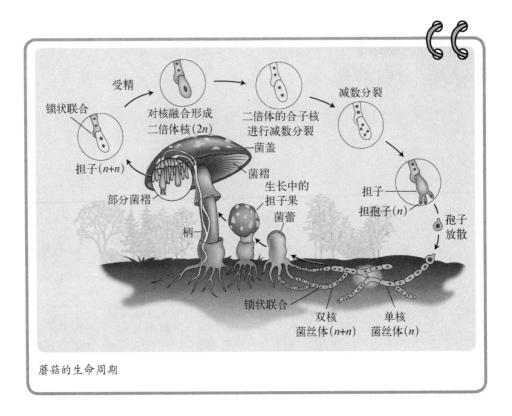

蘑菇的生命周期

▷ 谁是"真菌学之父"？

伊利阿斯·弗里斯被称为"真菌学之父"。他出生于瑞典，1814年从隆德大学获得了哲学学位。他在真菌学领域中第一部重要的著作《真菌观察记录》（ *Observationes mycologicae* ）写作于1815年至1818年之间。他一生致力于植物学研究，特别专注于研究真菌和地衣。

▷ 哪位儿童文学作家研究并绘制出了真菌的图像？

毕翠克丝·波特（ Beatrix Potter，1866—1943）因1902年的作品《彼得兔的故事》而闻名于世。她于1888年开始学习绘画并对描画真菌产生了兴趣。她共完成了总计大约300幅精细的水彩画，现存放于英格兰安伯塞德（ Ambleside ）的阿米特图书馆。1897年，她为伦敦林奈协会的一次聚会准备了一篇关于伞菌孢子萌发的科学论文。尽管她的发现最初不被人们接受，但现在专家们相信她的观点是正确的。

▶ 真菌界都有哪些物种？

真菌界的成员小至单细胞的酵母，大至蜜环菌属的菌群——一种最大覆盖面积可达约8.9 km²的物种。此外，我们日常食用的蘑菇、过期面包上生长的黑霉、潮湿的浴帘上生长的霉菌，还有锈菌、黑粉菌、马勃菌、毒蕈、毒伞蕈等等。在地球上生存的无数的物种中，与人类差别最大、最为独特的物种也许就是真菌了。真菌可以使木头腐烂、让植物受伤、令食物变质、使人们患上足癣甚至更可怕的疾病。真菌还能分解死亡的生物体、落叶以及其他有机物质。真菌也能用于生成抗生素和其他药物，使面包膨大，让啤酒、葡萄酒发酵。

▶ 真菌是如何分类的？

真菌的分类主要是基于其产生的孢子的种类。如果某种真菌所产生的用于繁殖的有性孢子还没有被鉴定或仍未观测到有这一阶段，那么这种真菌会被放在半知菌门里。子囊菌门、担子菌门和接合菌门的真菌分别具有其独特的繁殖孢子：子囊孢子，担孢子，接合孢子。接合孢子是包裹在厚壁里的大孢子，它是由两个形态彼此相近的细胞发生核融合的结果。子囊孢子是由两个形态相似或者不相似的细胞相互融合而产生的。子囊孢子产生于一种名为子囊的囊状结构中。子囊菌门的成员即为子囊菌。担孢子产生于称为担子的基座上。由于生成担孢子的基座形状酷似棒子，担子菌又被称为棒子菌。壶菌门的生物有时候被归类到真菌界，有时候被归类到原生生物界。近年来，比较蛋白质和核酸序列获得的证据，显示它们属于真菌界。

表5.1　真菌门类的特征

门	代 表 菌 种	性孢子种类	无性繁殖的种类
壶菌门（壶菌类）	异水霉属，雕蚀菌属	无	游动孢子
接合菌门（合子真菌）	根霉菌属（黑根霉菌），球囊霉属（内生菌根真菌）	接合孢子	不动孢子

门	代表菌种	性孢子种类	无性繁殖的种类
子囊菌门（子囊菌类）	脉孢菌属，羊肝菌属（可食用的羊肚菌），白粉菌，块菌属（松露）	子囊孢子	出芽，分生孢子（不动孢子），断裂生殖
担子菌门（担子菌类）	真蕈（鹅膏菌属），食用菌（伞菌属），蕈类，檐状菌，鬼笔菌，马勃菌，锈菌，黑粉菌	担子孢子	罕见的
半知菌门（半知菌类）	曲菌，青霉菌	没有观察到有性生殖	孢子，分生孢子

▶ 已被识别的真菌种类有多少？

科学家已经鉴别出70 000到80 000种真菌，每年都有大约2 000种新的真菌被发现。一些真菌学者估计全世界大概有150万种真菌，在物种数量上仅次于昆虫。

▶ 哪些是最广为人知的半知菌？

半知菌大部分是独立生存的陆生生物，其中有些是有致病性的。最广为人知的致病半知菌有黑曲霉菌（也叫作曲霉菌，一种呼吸道疾病的致病因子），絮状表皮癣菌（引发足癣），大小孢子菌（引发头癣、体癣等）、白念珠菌（引发念珠菌型"酵母"感染）等。著名的半知菌品种青霉菌属有：在青霉素的发现历史上具有重要地位的点青霉菌；用于商业生产青霉素的黄青霉菌；用于生产灰黄

▶ 所有真菌都是陆生的么？

大约有500种已知真菌种类属于海洋真菌，它们在海洋中如同它们陆生亲戚所做的一样，不断地分解有机物质。

霉素（治疗手癣和足癣的抗生素）的灰黄霉菌；用于制作罗克福尔干酪的娄地青霉和用于制作卡门培尔干酪的卡门柏青霉。

▶ 真菌生长在哪里？

真菌最喜欢生活在黑暗潮湿的环境中，只要是存在有机物的地方都能找到真菌。真菌的生长需要水分，它们不但能从生长媒介中获取水分，而且还能从空气中吸收水分。当环境非常干燥的时候，真菌会进入一种休眠状态，或者产生能抵抗干旱的孢子。对于大部分真菌生物来说，最适合的pH值是5.6，但有些真菌耐受范围较广，可在pH值2到9的环境中生存。有些真菌可以在高浓度的盐溶液或糖溶液（比如果酱或者果冻）中生存，而在这类环境中细菌是无法生存的。真菌生存的温度范围很大，甚至连冰箱里冷藏的食品都很可能遭到真菌的侵袭。

▶ 既然真菌缺乏合成所需养分的叶绿素，它们是如何获得食物的？

真菌是腐生生物，它们可以从废物和生物尸体中吸收养分。它们不是像动物那样把食物吞入体内然后进行消化，而是分泌出功能强大的水解酶对食物进行体外消化，从而将复杂的有机物降解成能够通过细胞膜和细胞壁吸收的简单化合物。

▶ 哪种生物被认为是地球上最大的生物体？

蜜环菌，作为树根真菌的一种，被认为是地球上最大的活生物体。该种生物可以生长到直径5.5 km。在俄勒冈州已知的这一种属中的一种目前已覆盖森林中超过8.9 km²的面积，重量达到了数百吨。据估计，这一已知种类已在地球上存在了2 400年。

▶ 为什么真菌在消亡？

喜欢新鲜野生蘑菇的美妙口味的美食家们发现，如今这样的美味越来越难以找到。在欧洲，几年前要采摘一篮最珍贵的杏鸡油菌还是非常容易的。然而，现在这类蘑菇不仅变得罕见，而且即便生长旺盛，个头也没有以前的大。1975年1 kg鸡油菌中菌菇的数量要比1958年同样分量的多了很多。其他种类的真菌也越来越少了。比如，在荷兰每1 000 m²土地上生长的真菌种类数量从37种减少到了12种。造成真菌减少的一个原因是空气污染的增加。真菌对空气污染的反应比植物更敏感，因为真菌表面没有保护层，而植物暴露在空气中的部分有角质层和树皮保护。再者，植物是通过根茎从泥土中吸取水分；而有些真菌则是直接从空气中吸收水分，它们会同时吸收空气中可能存在的污染物。因此糟糕的空气质量导致了真菌的减少。

▶ "巨型真菌"是什么样的生物？

巨型真菌是一种巨大的地下真菌，生长在美国密歇根州北部。1992年发现的高卢蜜环菌生长范围达到1.5 × 10⁵ m²，年龄在1 500年以上。科学家从它身上取出20个样本，又从每个样本中取出16个片段分别进行了DNA分析，结果发现每一个样本所含的遗传物质相同，从而证明了该生物体就是一株真菌。

▶ 真菌和蚂蚁之间是怎样的关系？

生长在中美洲、南美洲以及美国南部的切叶蚁和某些隔担耳属真菌之间有着共生关系。切叶蚁无法消化树叶中的纤维素，而树叶中的纤维素恰好是真菌的食物来源。真菌能够分解纤维素，并将其转化为切叶蚁能够消化的碳水化合物和蛋白质，然后切叶蚁再吃掉这些营养物质。切叶蚁保障了真菌的食物来源，同时还消灭了其他有竞争性的真菌。目前还无从得知切叶蚁和真菌在进化过程中是不是各自独立存在的。

结 构

▶ **典型的真菌具有怎样的结构？**

大部分真菌都是由大量的丝状物（即所谓的菌丝）相互交织构成的。菌丝外面包裹着坚硬的细胞壁。每一个菌丝细胞都有一个单独的细胞核，单个细胞之间可能隔着"隔膜"。菌丝会形成一个放射性扩张的网络，叫作菌丝体。细胞质可以穿过在隔膜上的大孔在菌丝中自由流动。由于这种流动，在菌丝任何部位合成的蛋白质都可以被运送到生长最活跃的尖端。因此，真菌的菌丝体在温度适宜、食物和水都很充足的环境中可以非常快速地生长。

▶ **真菌缺少哪种细胞器？**

所有的真菌都不具备减数分裂和有丝分裂中用于分裂和组织纺锤丝的中心粒。真菌细胞的核被膜不会发生破裂和重组，而是会在核被膜内形成纺锤体。真菌在有丝分裂过程中通过小的、无固定形状的纺锤体斑来调节微管形成。

▶ **真菌贮藏的主要碳水化合物是什么？**

真菌贮藏的主要碳水化合物是糖原，糖原也是动物贮藏的主要碳水化合物，而植物所贮藏的主要碳水化合物是淀粉。这说明真菌更接近于动物。

▶ **什么是不完全菌？**

不完全菌又叫半知菌或分生孢子真菌。这是一大类目前已知只能无性繁殖的真菌的总称。由于至今尚未发现其有性繁殖的特征，因此不能基于有性繁殖的方式对其进行分类。不完全菌的有性繁殖现象未为人所知，大部分不完全菌都被认为是失去了有性繁殖能力的子囊菌。最广为人知的不完全菌是青霉属和曲霉菌属的真菌。每当真菌学家发现某种不完全菌具有有性繁殖阶段,该真菌就会被重新归类,从不完全菌纲转移到其他门类,具体归属何门则由其有性繁殖的结构决定。

▶ 什么是子实体?

大型真菌,例如蘑菇和毒蕈,能够产生子实体。子实体是一种能够散布繁殖孢子的结构,它就是真菌在地面上的可见结构。子实体形状多样,有常见的茎帽结构,也有其他奇异的结构,比如鹿角状的、珊瑚状的、笼形的、喇叭形的、棒状的等等。各种大型真菌子实体的形状与其散播孢子的方式有关。

▶ 是不是所有大型真菌都长得像蘑菇?

真菌的子实体似乎有无穷无尽的形状和颜色,而大部分都如同商店里出售的普通蘑菇一样,有着那种常见的茎帽结构的变体,尽管有些真菌伞帽下面是微小的孢子生长而不是菌褶。很多真菌一点都不像蘑菇。马勃菌是实心的肉质球体。鸟巢菌会长出装着"蛋"的小杯子,"蛋"里盛满了孢子。有一种真菌长得像一棵花椰菜,还有一些则像直立的分叉的珊瑚。有的像从架子上伸出来的树干,有的则像一颗颗亮晶晶的果冻。

▶ 细菌孢子和真菌孢子有什么不同?

细菌产生的孢子(也叫内生孢子)的主要目的是保护细菌细胞,使其在极端困难的条件下也可以存活。真菌通过形成孢子可以进行有性繁殖或无性繁殖。无性孢子通过机体的菌丝形成。通过这种无性孢子生成的后代和它们的亲本是完全相同的。有性孢子来自两株同种真菌的细胞核的融合。有性孢子生成的后代的特性来自两个亲本。

▶ 无性孢子的主要类型有哪些?

真菌的无性孢子的主要类型有分节孢子(arthrospore)、厚垣孢子

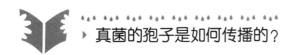

真菌的孢子是如何传播的？

> 孢子一般随风扩散。孢子一般很小很轻，这样，它们可以通过空气传播到非常远的地方，孢子也可以随着雨水传播。

（chlamydospore）、孢囊孢子（sporangiospore）和分生孢子（conidia，来自希腊单词conidios，意思是"尘土"）。分生孢子和孢囊孢子都由子实体产生。分节孢子和原垣孢子都不由子实体产生：分节孢子由菌丝分裂生成，原垣孢子沿菌丝边缘形成，它们是厚壁孢子。

▶ 孢子长什么样？

不同孢子的大小、形状、颜色和表面质地的差异很大。它们通常很小。平均来说，它们小于20 μm，极少超过100 μm。

▶ 什么是菌核？

菌核是菌丝的聚集体，被厚壁包围。当外部环境（主要是温度与水）不利于菌丝生长时，在菌核外会形成厚外壳，起到保护作用。当生存条件改善时，菌核萌发出带有孢子体的茎干。子囊孢子嵌在茎干的顶端。当孢子被风传播时，它会落在草地或者谷物上，尤其是黑麦。菌核附在它们的宿主植物上后会继续生长。

▶ 什么是双态真菌？

许多真菌，特别是那些能导致人类患病的，是双态性的，也就是说它们有两种形态。随着温度、营养或者其他环境因素的改变，它们可以从酵母形式转变成霉菌形式。

功　　能

▶ **真菌是怎样繁殖的?**

真菌有两种繁殖方式: 有性繁殖和无性繁殖。无性繁殖是通过分裂、出芽或更常见的生成孢子进行的。有性繁殖的方式是各属种的特征属性。真菌有两类繁殖结构。孢子囊生成孢子,配子囊生产配子。为了进行有性繁殖,真菌经常需要进行某种结合。两种基因不同的交配体的菌丝融合在一起,生成二倍体的合子。大部分的真菌通过交换细胞核而不是通过产生配子进行有性繁殖。

▶ **真菌是否也像植物一样具有世代交替的现象?**

具有世代交替生命周期的生物体既有单倍体期,也有二倍体期。在单倍体期,通过配子繁殖,配子相互融合形成合子。在双倍体期,繁殖通过孢子进行。孢子单独发育,再通过减数分裂产生下一代的配子。由于真菌具有单倍体和双倍体期,所以它们具有世代交替的现象。

▶ **典型的真菌(如黑面包霉)的生命周期是怎样的?**

黑面包霉、黑霉菌的生命周期具有典型的接合菌门成员的特点。这种真菌既有一般有性繁殖期,也有一段无性繁殖期,后者出现得更频繁一点。在有性繁殖过程

面包霉的一种

中有配子的融合,形成的接合孢子囊具有一层厚膜,可以等到环境适宜的情况下再进一步发育。当条件合适时,接合孢子囊萌发为孢子囊。在无性繁殖过程中,孢子在孢子囊中产生,然后散播开。

▶ 什么是真菌生命周期中的双核阶段?

真菌生命周期中的双核阶段是很独特的。在这个很多种类的真菌都具有的不同寻常的阶段,细胞带有两个不同的细胞核。随着菌丝体的生长,这两个细胞核同时进行分裂。细胞会持续生长,直到发生核融合。

▶ 什么是菌根?

共生关系是指两种以上的生物间形成密切的合作关系。一类共生关系是互利共生,它的定义为一种对双方都有利的关系。最常见、可能也是最重要的互生关系是植物界中的共生关系,又称为菌根共生。菌根(mycorrhiza)这个词来自希腊单词mykes(意为"真菌")和rhiza(意为"根")。菌根共生是存在于植物根部和真菌之间的特异共生关系,它存在于大多数植物(包括野生植物和栽培植物)之中。在菌根共生关系中,真菌帮助它们的宿主植物提高获得水分和土壤中的磷、锌、镁、铜等必需元素的能力,并把它们运输到植物的根部。真菌还可以防止病原菌和寄生虫的侵害。作为回报,真菌直接从宿主植物那里获得碳水化合物、氨基酸、维生素等生长所需的物质。担子菌(蘑菇、檐状菌等)是木本植物的菌根共生真菌。接合菌(霉菌等)是非木本植物的真菌伙伴。据估计,菌根共生真菌的重量占世界植物根系总重量的百分之十五。

▶ 内生菌根和外生菌根哪种更常见?

内生菌根和外生菌根都可能成为菌根真菌。在内生菌根中,真菌的菌丝穿透植物根部的外皮细胞伸入周围的土壤中。在外生菌根中,它的菌丝包裹着根部,但不穿透根部。内生菌根比外生菌根更常见。内生菌根的真菌成分是接合菌。尽管已知只有30种接合菌能形成内生菌根,但这些接合菌却可能和20万种以上的植物形成共生关系。担子菌是最常见的外生菌根的真菌成分，此外，一些子囊菌也能形成外生菌根。能形成外生菌根的真菌很多（至少5 000种），但是大部分都只同一种植物发生共生关系。而同外生菌根相关的植物总共也不过数千种。

▶ 哪些植物最经常形成外生菌根关系？

最常见的具有形成外生菌根能力的植物是生长在温带地区的树和灌木。包括松、冷杉、橡树、山毛榉和柳树。这些植物对于极端

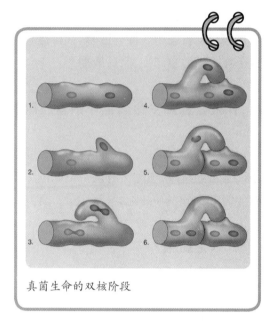

真菌生命的双核阶段

温度、干旱和其他恶劣环境条件的耐受力都较高。有些外生菌根真菌可以保护植物，使植物免受酸雨的侵害。

▶ 真菌在物质循环中扮演什么角色？

真菌在很多元素的循环中起到关键作用。作为生物圈的主要分解者，它们分解有机物，包括死去的植物和其他植被。由于真菌活跃的分解活动，有机物中的碳、氮和矿物质被释放出来。这些释放出的元素能被循环利用。在分解过程中，二氧化碳被释放到大气中，矿物质则返回到土壤中。据估计，每平方千米地表的上层20 cm的肥沃土壤中平均含有5 t的真菌和微生物！如果没有作为分解者的真菌存在，死亡的有机物将塞满世界，地球上的生命也就不可能存在了！

▶ 真菌是否只分解死亡或者腐烂的有机物？

真菌不只分解死亡或者腐烂的有机物，有些也攻击活的植物或者动物，把它们作为必需有机营养的来源。真菌经常造成植物和动物的疾病。一些最具有

伤害性的植物病原真菌在农业上每年造成数十亿美元的损失。收获的和已贮存的食物也会被真菌腐坏。真菌经常分泌一些物质到食物上,使食物不好吃,甚至变得带毒。

蘑菇和食用真菌

▶ 最受欢迎的蘑菇和其他食用菌有哪些?

表5.2　最受欢迎的蘑菇和其他食用菌

种　类	常用名	通用特征	例　子
伞菌类	伞　菌	菌盖、梗、菌褶	常见的白纽蘑菇
牛肝菌科	羊肚菌	梗,在菌盖下有气孔。形成与数目有关的菌根	牛肝菌,也称作牛肝菇或宝仙尼菌
珊瑚菌类	珊瑚菌	子实体是棍棒状的。通常有分枝。经常发现生长在地面上。与海洋珊瑚很像	黄色的纺锤珊瑚菌
腹菌类	马勃菌	一般为球形。干状基部具圆顶。通过顶部的孔隙释放孢子或在最外层的表皮裂开时释放孢子	常见的马勃菌,巨大的马勃菌,鬼笔菌
齿菌属	齿　菇	菌盖和菌盖下具有齿状结构的菌杆	刺猬齿菌
银耳目	胶质菌	形状不规则,凝胶状的肉	木　耳
块菌属	块　菌	生活在地下。能产生孢子的子囊在子实体期关闭	黑松露

▶ 蘑菇的伞褶有什么用途?

位于蘑菇菌盖下表面的伞褶主要有两个功能。第一个功能是使产生孢子的表面积最大,从而允许大量的孢子产生。第二个功能是帮助支撑起蘑菇的菌盖。孢子是在担子中产生的,担子是排列在伞褶表面的特化细胞。据估计,一个蘑菇所具有的直径7.5 cm菌盖每小时能产出多达4 000万个孢子!

▷ 有多少种蘑菇是可食用的?

在担子菌纲中,大约有200种可食用的蘑菇和70种有毒的蘑菇。一些食用菌已经商业化生产。美国每年大概生产382 832吨的食用菌。

▷ 商业化的蘑菇种植是怎样进行的?

最常见的商业生产的蘑菇是白蘑菇,学名为"白色双孢蘑菇"(*Agaricus bisporus*)。蘑菇生产车间内有特别设计的蘑菇培养床,并且室内有温度和湿度控制装置。培养床含土,土中拌有富含有机质的材料。在培养床上接种了菌种体——在富含有机物的培养基上,于大瓶中培养的纯蘑菇真菌。经过几个星期的培养,菌丝体生长并铺满混合土壤。所培养的蘑菇经过一个名为"闪发"(flash)的过程出现在培养床的表面。蘑菇闪发后必须在新鲜时立刻采摘。

▷ 北美和欧洲种植的食用菌常见的有哪些?

表5.3　北美和欧洲种植的常见食用菌

常　用　名	学　　名
美洲松茸(American matsutake)	美洲松茸(*Tricholoma magnivelare*)
面口蘑(Blewit)	紫丁香蘑(*Clitocybe nuda*)
鸡油菌(Chanterelle)	鸡油菌(*Cantharellus cibarius*)
鸡冠菇(Chicken mushroom)	硫色绚孔菌(*Laetiporus sulphureus*)
灰树花(Hen-of-the-woods)	多叶奇果菌(*Grifola frondosa*)
蜂蜜蕈(Honey mushroom)	蜜环菌(*Armillaria mellea*)
丰饶角或者黑色小号菇(Horn of plenty or black trumpet)	喇叭菌(*Craterellus cornucopioides*)
牛肝蕈(King bolete)	牛肝菌(*Boletus edulis*)
洋蘑菇(Meadow mushroom)	蘑菇(*Agaricus campestris*)
羊肚菌(Morels)	羊肚菌(*Morchella esculenta*)
平菇(Oyster mushroom)	侧耳菌(*Pleurotus ostreatus*)
遮阳伞菇(Parasol)	高大环柄菇(*Lepiota procera*),粗鳞环柄菇(*Lepiota rhacodes*)

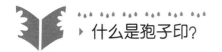

▶ 什么是孢子印？

孢子印是用于蘑菇物种鉴定的重要工具。成熟的蘑菇产生最好的孢子印迹。要做孢子印，首先从蘑菇上取下茎，将菌盖面朝下放在一张纸上。用玻璃盖上菌盖，让它几个小时或者一整夜不受干扰。这样，蘑菇中存在的孢子将落在纸上。孢子印迹的颜色、孢子的大小和形状，以及蘑褶的图案可以用于鉴别蘑菇。

▶ 有可靠方法鉴定有毒的蘑菇吗？

现在并没有一个通用的可靠方法来鉴定有毒的蘑菇。一些可食用的蘑菇很容易辨认，但是还有一些可食用的蘑菇与有毒的蘑菇外表非常相似，只有专家才能够区分。有人说，可食用的蘑菇不会使银汤匙变黑并且能被撕剥，这种说法是不正确的。一些毒性足以致命的蘑菇，比如毒蝇蕈，并不使银汤匙变黑而且可以被撕剥！唯一可靠的原则是我们必须在食用一种蘑菇前正确地鉴别它。

▶ 鹅膏菌属有什么特别之处？

鹅膏菌属有一些毒性最强的蘑菇，比如被称为"死亡天使"的鬼笔鹅膏、被称为"毁灭天使"的鳞柄白毒鹅膏。只要吃下一个这类蘑菇的菌盖，就能让一个健康的成年人死亡！服用一点点剂量的鹅膏毒素——鹅膏菌属蘑菇所带的毒素，就会导致肝病，并且这种伤害会持续终生。

▶ 蘑菇会产生什么毒性物质？

由蘑菇产生的最毒的毒素是鹅膏毒素和鬼笔毒素（都是环肽）。这些毒素通过干扰RNA和DNA的转录，抑制新细胞的产生。这些毒素在肝脏中的累积最终会导致肝功能衰竭。

寻找羊肚菌。羊肚菌是广受欢迎的一种食用菌

▶ 什么可以作为蘑菇中毒的解毒剂?

到目前为止,人食用蘑菇中毒还没有有效的解毒剂。蘑菇中产生的毒素累积在肝脏中,最终导致不可逆的肝损伤。不幸的是,在食用有毒蘑菇后的几小时内可能都没有中毒迹象。如果确有迹象,它们更像典型的食物中毒。肝衰竭在食用有毒蘑菇的三至六天后才明显表现出来。一般情况下,肝脏移植是唯一可能的治疗方式。

▶ 蘑菇可以一夜之间就长大吗?

我们所看到的蘑菇只是子实体,也就是繁殖结构——它是一个更大的真菌实体,即生长在腐木上,周围腐殖质丰富,且阴暗潮湿。许多我们熟知的蘑菇是多肉的伞状子实体。温暖、潮湿的气候触发了它们的突然出现。一般最初出现的是小而圆的由紧密菌丝组成的"纽伞";很快随着外壳的破

什么是"波特贝拉"蘑菇？

"波特贝拉"蘑菇是非常大的暗棕色蘑菇，也就是成熟的克里米尼菇，后者是普遍养殖的白蘑菇的变种。20世纪80年代，商家为了推广这种难以销售的不出名蘑菇，采取的营销手段中就有用"波特贝拉"作为它的俗名。

裂，茎部延长，伞盖增长到成熟时该有的尺寸。整个过程确实可以在一个晚上完成！

▶ 竹荪属的鬼笔菌有什么特别之处？

鬼笔菌是世界上生长最快的生物。它以0.5 cm/min的速度破土而出。它生长的速度是如此之快，以至于可以听见它的组织膨胀伸长时的"噼啪"声。在生长过程中，一种精密的、网状面纱结构在真菌的周围形成，正如这种真菌的俗名"夫人的面纱"所暗喻的那样。然后真菌分解，在此过程中，会产生一种强烈的类似于腐肉的气味。这种气味吸引苍蝇在真菌上爬行，孢子因此可以黏附在苍蝇的脚上。这个过程确保孢子被带到新的地方。虽然竹荪产生的气味让人很不舒服，但该属的某些成员在中国被认为是难得的食材。

▶ 仙女环是怎样形成的？

很久以前，人们相信，偶然在草地上形成的蘑菇圈，是仙女晚上聚集在一起跳舞的地方。仙女环或真菌环，经常可以在草地上发现。有三种类型的环：不影响其周围的植被的，能促进周围植被生长的和会破坏其周围环境的。环的形成是从一个菌丝体（真菌位于地下吸收养分部分）开始的。真菌长成环状是因为菌丝体中间的圆形部分衰退消亡了。这部分菌丝体用尽了它们上部的土壤中的资源。当这些真菌形成伞帽出现在地面上，这些蘑菇会环绕菌

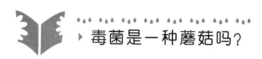

毒菌是一种蘑菇吗?

有毒或不可食用的蘑菇形真菌通常被称为毒菌(toad stool)。这一名称起源于蟾蜍(toad)被认为是邪恶有毒的生物的时代。有些真菌是在潮湿、阴暗的地方——正是蟾蜍喜欢的环境——被发现的,所以人们想当然地认为这些真菌是有毒的。虽然这个词很常见,但真菌学家却不这么用。真菌学家不认为能够简单地通过可食用或不可食用来划分蘑菇和毒菌,所以真菌学家只使用术语"蘑菇"。

丝体周围生长,形成一种环状结构。每一新生代都进一步从中心往外扩展。

什么是松露,它们从哪里来?

松露是深受美食家推崇和喜爱的食品,它可能是最为昂贵的食用菌。松露多产于西欧地区,长在开阔林地的树木的根部(特别是橡树周围,栗树、榛树和山毛榉周围也有生长)。跟一般的蘑菇不同,松露长在地下7.6～30.5 cm处,人们很难发现。松露猎人用经过特别训练的狗和猪来寻找这种美味。这两种动物的嗅觉都很敏锐,并且很喜欢松露发出的强烈的坚果香气。事实上,受过训练的猪能够从6.1 m以外识别松露的气味。在闻到一丝松露的气息后,它们会冲向香气源头,并且快速地连根挖出这自然的馈赠。一旦找到松露,松露猎人会小心地擦去泥土收获松露。松露不能直接接触人类的皮肤,这样做会使松露腐烂。

松露长什么样?

松露的外观平淡无奇,它们大体呈圆形,但并不规则,并且具有厚且粗糙的满是皱褶的表面,颜色则从灰白到几乎全黑色。松露的子实体芳香、多肉,一般大小与高尔夫球相当。它们有白的、灰的、棕色的，以及近黑色的各种颜色。有近70种不同的松露，最受欢迎的是黑松露，也被称作"黑钻石"。它们生长在法国的佩里戈尔（Perigord）和凯尔西（Quercy）地区，以及意大利的翁布利亚（Umbria）地区。"黑钻石"看起来是黑色的，实际上是暗棕色，带有白色纹理。它有种非常辛辣的香气。受欢迎度排第二位的是意大利皮埃蒙特（Piedmont）地区出产的白松露（灰白色或者米色）。白松露的气味和味道都是泥土香或蒜香。新鲜的松露上市期从晚秋到仲冬，收获后可在冰箱保存三天。

松露可以说是最昂贵的食用真菌

▶ 松露在烹调中如何使用？

黑松露一般作为调味品，用于煎蛋卷、玉米粥、意大利肉汁烩饭和调味汁之中。白松露一般生吃，它们一般碾碎了撒在意大利面条或者带有奶酪的菜上，因为这些食材之间味道是互补的。在烹调食物的最后也可以加入白松露。

▶ 哪种蘑菇被认定是化石？

很少发现蘑菇的化石记录，因为蘑菇的结构中几乎没有能石化的部分。1990年，多米尼加共和国两名研究人员发现了一种肉质、带有伞褶蘑菇的化石。这块化石据信有3 500到4 000万年的历史，是唯一已知的在热带地区发现的蘑菇化石。显微研究表明它同现代的墨盖菇相关。

▶ 哪种蘑菇会被阿兹特克人作为祭品？

锥盖伞属和裸盖属蘑菇都具有致幻性，被阿兹特克人视为圣物。这些蘑菇现在仍然被阿兹特克人的后裔在宗教仪式上使用。这两种菌属都含有裸头草碱，在化学上同麦角酸二乙酰胺相关联，它们是造成食用者产生幻觉、眼前出现五彩缤纷景象的原因。

地　　衣

▷ 地衣是什么？

地衣是生长于岩石、树枝和裸露地表的生物。它们是由两种不同生物组成的共生联合体：1）单个或丝状的藻类或蓝藻细胞；2）真菌。地衣没有根、茎、花或者叶。地衣的真菌成分被称为地衣共生菌（mycobiont，希腊单词mykes意思是"真菌"，bios意思是"生命"），而它的光合成分名叫共生光合生物（photobiont，希腊单词photo意思是"光线"）。地衣的学名是根据与它共生的真菌，这些真菌一般是子囊菌门真菌。因为真菌没有叶绿素，所以它不能生成自己所需的养分，但是它能从藻类中汲取养分。地衣和藻类是共享共生的关系。地衣经常被发现长在藻类周围或藻类之上，它们可以防止藻类因被太阳暴晒而流失水分。真菌和藻类是首先被发现的有共生关系的物种。这一关系的独特之于在于它发展得如此完美和平衡，以至于两种物种像一个物种一样协调行动。

▷ 谁是"地衣学之父"？

埃里克·阿卡里乌斯（Erik Acharius，1757—1819）被视为"地衣学之父"。他是现代地衣分类学的奠基人。他详细描述地衣，将地衣分为40个不同的属。

他的四部主要研究著作,构建了现代地衣学的基础。

▶ 地衣植物的自然分布有何特别之处?

地衣的分布广泛,这是由于它们能够生存和生长于地球上最恶劣的环境。它们分布于从干旱的沙漠到北冰洋的广袤区域。它们生长在裸露的土壤、树干、岩石、栅栏的柱子上,以及世界各地的高山上。有一些地衣如此之小,用肉眼几乎看不到它们。另一些,比如像驯鹿的"苔藓",可以长到齐踝深并覆盖数百平方米。有孔疣台属(Verrucaria)地衣的一个种可以生长在水下,成为海洋地衣。地衣常常是岩石地区最早的"居民"。在南极洲有350余种地衣但只有两种植物。

▶ 地衣植物的生态作用是什么?

地衣在地球表面的植被覆盖中约占8%。在某些环境中,如苔原地区,它们覆盖了大片土地。地衣通过光合作用消耗相当数量的二氧化碳来延缓全球变暖的速度。当它们覆盖地面时,能防止土壤干燥。在沙漠地区,它们能够捕捉并保存雾和露中的水分。地衣释放营养物质,如氮和磷,这对于营养贫瘠土壤上的树木生长很重要,因为这些是树木生长所需的营养物质。地衣也是野生火鸡和北极苔原驯鹿等许多动物的重要食物来源。有些鸟,如马达加斯加的橄榄头织巢鸟和欧洲金翅雀都会使用地衣筑巢。

▶ 地衣和空气污染之间的关系是什么?

地衣对大气中的污染物极其敏感,可作为空气质量检测的指示生物。它们从空气、雨水中吸收矿物质,也能从它们的基底中直接吸收矿物质。地衣生长已被用来作为指示空气污染(特别是二氧化硫污染)的指标。地衣吸收污染物后,能检测到叶绿素受到损害,从而导致光合作用水平降低,并使细胞内膜的渗透性发生变化。污染物破坏真菌和藻类或蓝藻类之间的平衡,结果造成地衣的枯萎或死亡。即便存在合适的生长基底,地衣在城市及周边地区一般也是不存在的。这是汽车尾气和工业活动污染物排放的结果。地衣也开始从国家公园和其他相对偏远的地区消失,因为这些地方的工业污染也越来越严重。某一地区地衣的再次出现,往往意味着这个区域空气污染的减少。

▶ 用地衣评估污染的另一些例子是什么?

地衣曾被用来评估铀矿山附近的放射性污染水平,核动力卫星坠毁处的环境污染,核爆炸测试的地点和曾经发生过事故的核电站区域的污染。1986年切尔诺贝利核电站事故后,人们对各地的地衣进行了检测。这一检测发现,远在北极拉普兰地区的地衣,其放射性尘埃的水平比以前记录的高165倍。

▶ 切尔诺贝利核电站灾难后,地衣中放射性尘埃(铯-137)水平的升高是怎样影响食物链的?

地衣是驯鹿的主要食物来源,而驯鹿是生活在苔原地区的人类的日常食物。地衣带有的放射性尘埃水平非常高时,食用地衣的驯鹿体内累积的放射性也会大大增强,驯鹿肉变得不适合供人食用。数百吨的驯鹿尸体被当作有毒废物处理掉了。

酵   母

▶ 酵母与其他真菌有何不同?

酵母在它的整个生命周期中都是单细胞生物。大部分的酵母采用出芽生殖方式,其余的采用二分裂法繁殖或者生成孢子繁殖。每一个从母酵母细胞分离出来的芽都能成长为一个新的酵母细胞。有些酵母细胞会结群形成菌落。

▶ 酵母如何用于食品和饮料生产中?

酵母可用于葡萄酒酿造、啤酒酿造和面包制作。酵母通过发酵过程将食物转化为酒精和二氧化碳。在葡萄酒和啤酒的生产过程中,使用酵母生产的酒精是最终产品中的必要组成部分。二氧化碳使啤酒和香槟酒起泡。制作面包的酵母产生的二氧化碳使面团膨松。酿造和烘烤中所用的酵母菌是精心培育的菌种,它们还被细心保存以防受到污染。

▶ 活性干酵母和压缩鲜酵母的区别是什么?

活性干酵母和压缩鲜酵母都是发酵剂。活性干酵母由微小的、脱水的酵母颗粒组成。虽然颗粒是活的,但由于缺乏水分,酵母细胞处于休眠状态。因为细胞处于休眠状态,所以干酵母有很长的保质期。活性干酵母与温暖的液体混合后变得具有活性。压缩鲜酵母是湿的,非常容易腐烂。它必须储存在冷藏条件下,在一到两周内使用。

▶ 酵母在啤酒生产中的作用是什么?

啤酒是由水、麦芽、糖、啤酒花、酵母菌(酿酒种属)、盐和柠檬酸一起发酵而成的。每一种成分在啤酒的制作中都有特定的作用。麦芽一般通过麦种粒(通常是大麦)发芽而来,在窑中烘干,再磨成粉末。麦芽给予啤酒独特的酒体和风味。啤酒花由蛇麻草(桑科植物的一个成员)的果实制备而来,在成熟时采摘果实,然后将其晾干。这种成分给予啤酒淡淡的苦味。酵母用于发酵过程。制作啤酒是一个复杂的过程。一种方法是先把发芽的大麦与煮熟的谷物(例如玉米)混合捣碎。这种称为麦芽汁的混合物过滤后加入啤酒花,然后加热麦芽汁直到它完全溶解。再去除啤酒花,待混合物冷却后加入酵母。在10℃~21℃的环境条件中,啤酒发酵需要8~11天。发酵后,将啤酒储存在接近0℃的环境中,在接下来的几个月里啤酒的特性会慢慢呈现出来,然后加入二氧化碳以获得起泡效果。接下来再通过冷藏、过滤和巴氏消毒,并经瓶装或罐装,啤酒生产才算大功告成。

▶ 用来制造拉格啤酒和艾尔啤酒的是同一种酵母菌株吗?

常用的用来发酵啤酒的两种酵母是卡尔酵母和酿酒酵母。卡尔酵母,又称底部酵母,它会沉到发酵桶的底部。底部酵母菌株在6℃~12℃时发酵效果最好,需要8~14天来生产拉格啤酒。酿酒酵母,又称上层酵母,分布于整个麦面包房中使用的酵母和啤酒制造商使用的酵母有什么区别？

面包房中的酵母被用作发酵剂，用于增加烘焙食品的体积。啤酒制造中的酵母是用于啤酒生产的特殊的非膨松剂，是维生素B的丰富来源，也可用作食物补充。

芽汁中，在发酵过程中被二氧化碳带到发酵桶的顶部。上层酵母在较高的温度（14℃～23℃）时发酵，仅需5～7天的时间。上层酵母用于生产艾尔啤酒、波特啤酒和烈性啤酒。

▶ 为什么酿酒酵母在遗传学研究中很重要？

生物学家研究酿酒酵母（这种酵母用于制作面包和酿酒）已有几十年了，因为研究它能为理解高等生物的运转机制提供有价值的线索。例如，人类和酵母在基因组成上有许多相似之处。酵母基因组的某些区域的DNA片段跟人类的一些DNA片段几乎完全相同。这些相似性表明，人类和酵母都有类似的基因，在细胞功能中发挥关键作用。1996年，一个由美国、加拿大、日本和欧洲一些国家的科学家组成的国际科学家联盟，完成了酿酒酵母的基因组测序（包含基因组中的所有 12 057 500 个碱基）。它是第一个被完全测序的真核生物。由于它们的繁殖周期极短，酵母一直为研究真核生物系统的功能提供重要线索。

应　　用

▶ 真菌在经济上有什么影响？

真菌产生的没食子酸，用于显影、染料、不褪色油墨，在人工香料制作、香水以及氯、乙醇和几种酸的生产上也都有应用。真菌也被用于制造塑料、牙膏、肥皂和镜子的镀银。在日本几乎每年要消耗 500 000 吨真菌发酵的豆制品（豆腐、味噌）。每年不同的锈病真菌造成的秆锈病，会给全世界的粮食和林木作物造成数十亿美元的损失。

▶ 真菌麦角菌的菌核有哪些有益的用途？

麦角菌的菌核曾造成严重的粮食作物灾害。麦角在药物产业中用于生产孕妇引产及分娩后控制出血的药物。麦角胺是一种麦角生物碱，用于治疗偏头痛。

▶ 麦角是如何影响人类和牲畜的？

食用被麦角菌污染的面包和其他谷类食品会患上被称为圣安东尼热的疾病。这种疾病在中世纪很常见，它会导致患者四肢发热，紧接着患者的肢体会完全失去知觉。这种疾病随着谷物生产和碾磨工技术的改进已经不常出现。牛啃食被麦角菌感染的谷物，如果过量会造成死亡或者流产。

▶ 哪种真菌可能在塞勒姆驱巫案中扮演了重要角色？

1692 年发生的塞勒姆驱巫案，很可能是源于一种微生物毒素感染。一种通常被叫作黑麦秆黑粉病菌的麦角真菌会形成有毒的菌体。人食用这种有毒菌体后，会产生和塞勒姆驱巫案中被指控是巫婆的女孩同样的症状。历史学家和生物学家研究了新英格兰地区从 1690 到 1692 年间的环境状况，他们发现当时的天气条件很适合黑麦秆黑粉病的暴发。那些年的天气状况特别潮湿寒冷。在长期的寒冷潮湿环境中，由于小麦大多感染了麦锈病，黑麦取代了小麦成为主要的谷物。麦角菌中毒的主要症状包括抽搐、有压迫感和刺痛感、胃部疼痛，还有暂时性失明、失聪和失语。

▶ 哪种原生于美国的树木由于真菌感染而遭灭绝？

20 世纪初，美洲栗树还广泛分布于北美东部。那时在宾夕法尼亚州中部和

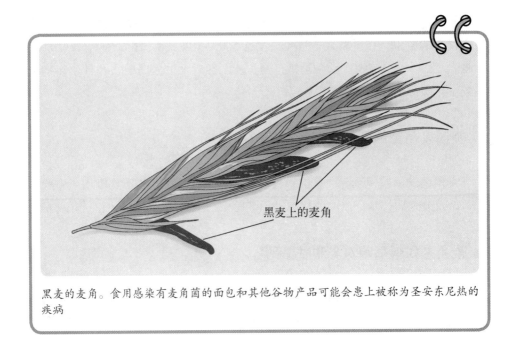

黑麦的麦角。食用感染有麦角菌的面包和其他谷物产品可能会患上被称为圣安东尼热的疾病

南部、新泽西州、新英格兰地区南部的阔叶林中,这种类型的栗子树占了所有树木数量的近一半。在美国区域内,这个物种主宰了落叶阔叶林,占了树木总量的近四分之一。一种名为隐球丛赤壳属的栗疫菌引发了板栗疫病,摧毁了几乎所有的美洲栗树。

▶ 栗疫菌攻击美洲栗树的哪个部位?

栗疫菌,主要寄生于树木的树皮层和相邻的木质层。真菌杀死在树皮中的细胞,这些细胞把树叶制造的营养物质运输到树木的其他部分。因此被寄生的树,营养物质无法到达树木的不同部位。真菌还能堵塞树干中的细胞,是这些细胞把水和养分输送到树木的全身。这种真菌不会影响植物的根部,树木仍能发出新的枝条。然而,几年后,新生枝条的树皮层和木质层也会被感染。

▶ 还有哪些树种受到过真菌的伤害?

榆树易受荷兰榆长喙壳菌(*Ophiostoma ulmi*)的感染,导致榆荷兰病。这种真菌长在树木最外部的管状细胞里。当细胞被堵塞后,水和营养物质就不能从根部被输送到树木的顶部,最终导致树木死亡。

▶ 榆荷兰病何时在北美被首次发现?

榆荷兰病于1930年首次在俄亥俄州辛辛那提市被发现。病源真菌被证明来自欧洲进口的榆树原木。至1940年这种疾病已蔓延至9个州;到1950年,它已在17个州被发现并已蔓延到加拿大南部。现在北美的任何地方的榆树上都能发现它。

▶ 有多少种真菌是植物病原体?

榆树对于荷兰榆长喙壳菌很敏感,这种真菌导致了榆荷兰病

超过8 000种真菌会引起植物的病害。在栽培或者野生的植物中发现的大多数疾病都是由真菌引起的。一些致病真菌在寄主植物中生长繁殖。其他种类的病原真菌会在死亡的有机体和寄主植物上生长繁殖。真菌引起的植物病害可以发生在土壤表面之下、土壤表面上,甚至可以发生在植物的整个植株上。真菌会造成叶斑病、枯萎病、锈病、黑穗病、霉菌病、溃疡病、疮痂病、果实腐烂、树瘿、萎蔫病、枯梢病和衰退病,以及根、茎、种子的腐烂。

▶ 什么是锈菌、黑粉菌,它们对农作物会有什么样的影响?

锈菌、黑粉菌是造成许多严重的植物病害的一类非常小的真菌。谷物和其他粮食作物都极易受到锈菌和黑粉菌的侵袭。许多锈菌和黑粉菌有着复杂的生命周期,因为它们在一生中会使用一种以上的植物作为宿主。例如,在小麦锈菌的生命周期中,一部分时间寄生在小檗科植物上,另一部分时间寄生在小麦上。

▶ 真菌与酱油有何关系?

溜曲霉和其他半知菌被用来使煮过的大豆缓慢发酵,以生产酱油。酱油不只是为食物带来特殊的风味,大豆和真菌使酱油含有人体必需的氨基酸。真菌在许多国家中都被用于改善食物的营养品质。

▶ 哪种奶酪跟真菌有关?

奶酪的独特风味,如罗克福尔干酪、卡门培尔干酪和布里奶酪,由青霉属的成员产生。罗克福尔干酪常被称为"干酪之王"。它是世界上最古老和最有名的奶酪之一。人们享用这种"蓝色奶酪"的历史可以追溯到古罗马时代,它深受查理大帝(742—814)的喜爱。罗克福尔干酪是把带有娄地青霉菌的羊奶放置在法国西南部罗克福尔镇附近康巴卢山间的天然石灰岩洞穴中,陈化三个月以上制成的。

罗克福尔干酪的独特风味是由青霉属真菌产生的

这是正宗的罗克福尔干酪可以被陈化的唯一的地方。它带有奶油般的口感,味道醇厚,闻上去气味浓烈、辛辣,有咸味。它内层为乳白色并有蓝色的纹理,由雪白的干酪皮包裹。正宗的罗克福尔干酪在奶酪的包装上打有一个红羊图案的纹章。

卡门柏青霉菌使卡门培尔干酪和布里奶酪具有它们独特的品质。据说卡门培尔干酪是拿破仑命名的,这个名字来自一个诺曼底村庄,那里的一个农妇第一个把它献给拿破仑。这种奶酪由牛奶制备,有着白色的毛茸茸的干酪皮和光滑细腻、奶油般的内部。在室温下食用完全成熟的卡门培尔干酪时,奶酪会缓慢地流出来,极为浓稠。虽然有很多地方生产布里奶酪,但是只有来自巴黎东部布里地区的布里奶酪被鉴赏家认为是世界上最好的奶酪之一。类似卡门培尔干酪,它具有雪白成熟的外皮,内里口感如黄油般丝滑。

▶ **人类的哪些疾病是由真菌引起的?**

表5.4　引发人类疾病的真菌

疫　病	真菌病原体	门	影响的器官
曲霉病,耳真菌病	烟曲霉菌	子囊菌	肺、耳
芽生菌病	皮炎芽生霉菌	子囊菌	肺
念珠菌病	白念珠菌	半知菌	肠、阴道、皮肤、嘴
球孢子菌病	粗球孢子菌	半知菌	肺
隐球菌病	新型隐球菌	担子菌	肺、脊髓、脑膜
组织胞浆病	荚膜组织胞浆菌	子囊菌	肺
孢子丝菌病	孢子丝菌	半知菌	皮　肤
头癣,体癣,黄癣,足癣	表皮藓菌属,小孢子菌属和毛藓菌属中的一些	毛藓菌属、小孢子菌属,属于子囊菌。表皮藓菌属属于半知菌	皮　肤

▶ **生产有效抗真菌药物的难点是什么?**

由于真菌是真核生物,所以它们的细胞结构与动物和人类是相似的。影响真菌代谢途径的药物,往往会影响宿主细胞中相应的代谢途径,从而导致宿主受到药物毒性的影响。许多抗真菌药物只能局部使用。很少有药物被发现具备有选择的毒性的,即只对真菌有毒,但对人体无害。

▶ **有哪些重要的抗真菌药物,它们的作用机制是什么?**

许多抗真菌药物通过干扰麦角固醇的功能或合成起作用。麦角固醇存在于真菌细胞质膜中,但不存在于人类细胞中。一些抗真菌药物能干扰真菌特有的结构和功能,例如细胞壁。

表5.5　抗真菌药物的作用机制

药物种类	作用机制	药 物 的 例 子
烯丙胺	麦角固醇合成	特比萘芬
唑 类	麦角固醇合成	氟康唑、伊曲康唑、酮康唑、克霉唑、咪康唑、伏立康唑
核酸类似物	DNA合成	5-氟胞嘧啶
多烯烃	麦角固醇合成	两性霉素B
多氧菌素	几丁质合成	多氧菌素A、多氧菌素B

▶ **微生物能有效地抗细菌感染是怎么被发现的?**

英国微生物学家亚历山大·弗莱明(1881—1955)偶然发现了青霉素的抗菌作用。1928年,弗莱明在伦敦圣玛丽医院研究葡萄球菌。作为调查的一部分,他在去度假之前在几个培养皿中放置了葡萄球菌。他休假回来后,注意到一种黄绿色霉菌污染了一个培养皿。葡萄球菌不能在霉菌附近生长。他鉴定出这种霉菌属于青霉菌属。进一步的研究表明,青霉菌能杀死葡萄球菌等革兰氏阳性菌。直到20世纪40年代,霍华德·弗洛里(Howard Florey, 1898—1968)和厄恩·钱恩(Ernst Chain, 1906—1979)重新发现了青霉素,并将它分离出来用于医疗用途。1945年,弗莱明、弗洛里和钱恩因他们在青霉素上做出的贡献,共同分享了诺贝尔生理学/医学奖。

▶ **现在抗生素是怎么生产的?**

直至20世纪50年代中期,所有抗生素产品还都是由微生物生产的。在20世纪50年代晚期，研究人员成功地合成了点青霉的细胞核。这一成果使各种新的基团可以被连接到合成的细胞核上，从而为创造新形式的青霉素铺平了道路。新合成抗生素通过在天然分子上添加侧链，创造出比青霉素更有效的药物。

亚历山大·弗莱明是第一个发现青霉素可以作为抗生素的人

▶ 什么真菌在人体器官移植中起着重要的作用？

生长在土壤中的多孔木霉（*Tolypocladium inflatum*）是环孢素的来源，这是一种能够抑制器官移植排斥的免疫反应的药物。环孢素不会像其他免疫抑制药物那样有副作用。这种了不起的药物在1979年上市，它使得器官移植技术重新成为可能，这一技术在当时几乎被放弃了。有了环孢素后，成功的器官移植在今天已经是司空见惯的。

▶ 真菌还有什么其他药用价值吗？

两种真菌由于它的药用价值而盛行于中国和日本——香菇和灵芝。香菇多糖和香菇菌丝体（LEM）提取物都来自香菇，人们正在研究其药用价值。香菇多糖有增强免疫功能、延缓肿瘤生长的作用。香菇菌丝体能够改善肝功能，具有成为抗病毒药物的潜力。亚洲草药医生认为，灵芝是能用来治疗多种疾病的药用真菌。

▶ 哪些在北美常见的真菌具有一定的医疗效果？

研究人员已经对北美常见真菌的潜在药用价值进行了临床试验。下表列举出一些常见真菌可能提供的益处。

表5.6　常见真菌的医疗用途

真　菌	医疗用途
蜜环菌属蜜环菌	被证明能降低高血压
奇果菌灰树花	在治疗多种癌症、高血压和乙型肝炎方面取得了令人鼓舞的成果
多乳菌属猪苓	当与其他草药和/或常规治疗相结合时,它可能有助于癌症治疗
桦褐孔菌	成功地治疗肺癌、乳腺癌和生殖器癌
裂褶菌属裂褶菌	与常规疗法配合使用时,各种癌症患者的生存时间明显延长
云　芝	提高各种癌症患者的生存率
茯　苓	当与甲硝唑共同使用时,病毒性肝炎患者的治愈率几乎是单独服用一种药物时的两倍

▶ 脉孢菌属为什么很重要?

　　长期以来脉孢菌属的粉色面包霉菌一直被作为研究遗传学、生物化学、分子生物学的实验室常用的模式生物。科学家首次证明一种基因可以产生相应的蛋白质的概念,就是通过研究脉孢菌获得的。它培养方便,并携带广泛的遗传信息,为研究高等植物或者动物的生命过程提供了一种方便的模式生物。在真菌中,它是仅次于酵母的基础模式生物。

▶ 什么真菌跟化学战相关?

　　镰菌属真菌属于半知菌,能够产生毒素:单端孢霉烯。这是一种已经被用

▸ 最早的半合成的青霉素是什么?

　　一类被称为氨基青霉素的药物,包括氨苄青霉素和羟氨苄青霉素(阿莫西林),是最早的半合成青霉素。

蜜环菌属的蘑菇已被证明能降血压

作化学武器的剧毒物质。单端孢霉烯是非常稳定的物质，高压加热和暴露在光照中都不会使其分解。它们相对容易生产，并已作为生物武器储备。这种毒素会引起慢性食物中毒性白细胞缺乏症（ATA）。

⊙ 真菌在第一次世界大战中扮演了什么角色？

在第一次世界大战期间，德国人需要甘油来制造用于炸药生产的硝酸甘油。在战争之前，德国人通过进口获得他们需要的甘油，但在战争期间，英国海军的封锁阻止了甘油的进口。德国科学家卡尔·纽伯格（Carl Neuberg，1877—1956）知道在糖的酒精发酵过程中加入酿酒酵母就会产生微量甘油。他努力探索，改进发酵工艺，使酵母菌在发酵过程中会产生较多的甘油和较少的乙醇。甘油产量的提升是通过在发酵过程中加入3.5%的pH值为7.0的亚硫酸钠，阻断了代谢过程中的一个化学反应。纽伯格的研究成果被用于实际生产，德国的许多啤酒厂转为甘油制造厂。这些工厂后来每月甘油产量达到了1 000吨。战争结束后，人们不再需要甘油，这种生产方式就停止了。

哪种真菌曾到太空旅行？

人类到太空时有时会携带一些发光真菌的菌落。由于这种真菌对泄漏的燃料和其他有毒气体很敏感，它在遇到浓度低至每百万分之零点零二的燃料时就会发出暗淡的光芒。因此，这种真菌可以用作有毒气体存在的早期预警系统，就像金丝雀可以用来警示地下矿场氧气不足或出现甲烷类危险气体一样。

▶ 什么颜色的颜料是由地衣产生的？

地衣往往有鲜艳的颜色，这是因为色素可以保护光合生物免受太阳辐射的破坏性作用。这些地衣所含的色素可以提取出来作为天然染料。苏格兰著名的粗花呢的传统制造方法就是利用真菌染料，现在则一般使用合成染料。苔色素是一种专门从地衣中提取的色素，过去用来给羊毛染色。海石蕊属地衣被用来生产石蕊——一种广泛使用的酸碱指示剂。

▶ 哪种地衣最常被用于香水和化妆品产业？

栎扁枝衣和雪松苔具有类似麝香的芬芳且挥发稳定，使得它们成为香水和化妆品常用成分。这些地衣植物的精油是通过溶剂萃取的。栎扁枝衣和雪松苔常见于法国南部、摩洛哥和巴尔干半岛。

▶ 白腐真菌和褐腐真菌有什么区别？

白腐真菌分布在落叶林中，首先损害木材的木质素，一旦木质素被消化完，就接着破坏纤维素和细胞的其他主要部分。带有残余纤维素的部分腐烂的木材是白色的，因此得名"白腐真菌"。褐腐真菌分布在针叶树中，它首先破坏纤维

如图所示的黄色地衣,常被香水和化妆品行业用作天然染料

素,但对木质素的损害很小。因为被感染的木材会变成浓重的红褐色或金色,因此它们被命名为"褐腐真菌"。

▶ 真菌是如何使树木中心变空的?

在公园、森林和城市的各个角落,中空的树木都是一种常见的景象。真菌造成的腐朽是树木形成空洞的原因。腐木真菌可以通过树的伤口侵入树体。树会产生一队细胞,试图阻止伤口周围形成腐烂。而已进入树体的真菌,将继续腐蚀内部的木材,而受那队细胞保护的木质则不受影响。空心树也可由真菌单独攻击一棵树的心材形成。这种情况在分布于从加利福尼亚到阿拉斯加的北美太平洋沿岸的老针叶树中最为常见。心腐真菌可以通过伤口或通过小树枝的断处进入树木。它腐蚀树木内部的木材,使树木变得脆弱,容易受到强风的伤害。

▶ 不同的真菌会腐蚀树木的不同部分吗?

大多数腐蚀立木的真菌属于担子菌纲。大多数腐木真菌只攻击一种或两种近缘的树种。针叶树和阔叶树更容易发生真菌侵害。许多木腐真菌只腐蚀一棵树的特定部分。例如，灵芝和异担孔菌专门腐蚀树木的根部而很少在树木较高的部位被发现。北方肉齿菌则常见于树木较高的部位，很少在根部被发现。硫黄菌和松生拟层孔菌属可以生长在树木除枝杈外的其他所有部分。

▶ 哪些树种对真菌的侵蚀具有很强的抵抗力，哪些树种易被感染？

在一般情况下，洋槐、胡桃、白橡木、雪松和黑樱桃树是对真菌侵蚀有高抵抗力的树种，而极易受到真菌侵蚀的树种包括白杨、柳树、银枫、美国山毛榉。

▶ 什么是真菌攻击树木的理想条件？

当温度在10℃到32℃之间时，真菌倾向于攻击林木，真菌需要的湿润木材环境才能生长。当木材的含水量约为30%时，会产生最严重的腐蚀。如果木材的含水量不到20%，通常不会腐烂，而且任何感染都难以蔓延。木材太湿也不会腐烂，因为多余的水分使真菌不能充分接触空气，阻碍了它们的繁殖。

▶ 当建筑需要长期暴露在潮湿的环境中时，应该使用哪一种木材？

当建筑需要长期暴露在潮湿的环境中时，应该使用防腐木材，如红木、雪松或经过防腐处理的木材。最有效和最低毒的防腐剂是铬化砷酸铜（CCA），用它处理过的木材会具有特别的亮绿色斑点。

▶ 什么是干腐病？

干腐病是一种具有误导性的常见名称，因为真菌腐蚀的前提条件之一就是要有潮湿的环境。这种腐蚀形式之所以被称为干腐病，是因为在出现这种病症的木材上没有明显可见的潮湿迹象。干腐菌会产生特殊的菌丝体，使它能够把水分和营养物质从具备腐蚀条件的地方带到不具备腐蚀条件的地方。菌丝体可以跨越岩石和混凝土，从4.5 m之外的远处运来水和营养物质。真菌的生活环境要求有潮湿的空气，相对湿度大于95%，温度在0℃到28℃间。干腐菌在欧洲、亚洲、大洋洲等地的木质建筑中常见。但它在北美洲却不常见,虽然一种跟它有关的真菌能造成类似的损害,但分布范围并不广泛。

▶ 真菌在生物防治方面有效吗?

生物防治的定义是,利用一种活的生物去杀死或者控制另一物种。能寄生于昆虫的真菌对于生物防治来说是很有价值的武器。寄生真菌把它们的孢子喷洒在宿主昆虫的身上,然后这些真菌攻击并控制它们的宿主。早在1834年,人们就发现了一种能大量杀死蚕的真菌,它现在被用来控制马铃薯甲虫。还有一些真菌的孢子被用来控制沫蝉、叶蝉、柑桔锈螨和其他害虫。